国家自然科学基金面上项目（61403422）资助

基于彩色与深度图像的人手位姿估计和手势识别

HAND POSE ESTIMATION AND GESTURE RECOGNITION FROM RGB-D IMAGES

徐　迟　蔡文迪　谢中朝　江云凯　编著

中国地质大学出版社
CHINA UNIVERSITY OF GEOSCIENCES PRESS

图书在版编目(CIP)数据

基于彩色与深度图像的人手位姿估计和手势识别/徐迟等编著. —武汉:中国地质大学出版社,2023.9

ISBN 978-7-5625-5663-3

Ⅰ.①基…　Ⅱ.①徐…　Ⅲ.①手势语-自动识别-研究　Ⅳ.①TP391.4

中国国家版本馆 CIP 数据核字(2023)第 179415 号

基于彩色与深度图像的人手位姿估计和手势识别	徐　迟　蔡文迪 谢中朝　江云凯　编著
责任编辑:周　旭	责任校对:宋巧娥
出版发行:中国地质大学出版社(武汉市洪山区鲁磨路 388 号)	邮编:430074
电　　话:(027)67883511　　传　　真:(027)67883580	E-mail:cbb@cug.edu.cn
经　　销:全国新华书店	http://cugp.cug.edu.cn
开本:787 毫米×1 092 毫米　1/16	字数:166 千字　　印张:6.5
版次:2023 年 9 月第 1 版	印次:2023 年 9 月第 1 次印刷
印刷:武汉中远印务有限公司	
ISBN 978-7-5625-5663-3	定价:45.00 元

如有印装质量问题请与印刷厂联系调换

目　录

第 1 章　绪　论

随着人工智能与计算机视觉等技术的发展,自然且直观的人机交互(human-computer interaction,HCI)方法逐渐成为计算机视觉领域的一个研究热点。彩色与深度(RGB-D)图像中包含丰富的二维图像信息和三维深度信息,为人机交互的发展提供了重要的信息来源。人手检测、人手位姿估计、手势识别都是基于视觉的人机交互的重要组成部分(易靖国等,2016;Tompson et al.,2014),直接影响人机交互的准确性和流畅性,也是本书研究探讨的重点内容。本章首先阐述研究背景及意义,然后介绍国内外研究现状并分析现有方法的优缺点,最后给出本书的结构安排。

1.1　研究背景及意义

本课题来源于国家自然科学基金面上项目"实时深度图像人手位姿估计方法及其稳定性分析"(编号:61403422)。书中内容为本项目组研究成果。

随着计算机硬件性能的提升和计算机视觉技术的快速发展,基于视觉的人机交互技术在虚拟/增强现实、智能机器人、医疗技术等领域中有着广阔的研究前景。人机交互技术也逐步从以计算机为中心转移到以人为中心,即让计算机理解人给出的指令。人手作为人体最为灵活的部位,利用手势作为人机交互的方式,相较于其他的交互方式更为自然。

人手位姿包括手腕与 20 个指关节的三维位置和姿态,共计 51 个自由度(Xu et al.,2017)。实时深度图像人手位姿估计是近年发展起来的一个新的计算机视觉方向,指的是实时地从单幅深度图像(或序列图像)中识别人手并估计人手的三维位姿(Xu et al.,2016)。与手势识别(易靖国等,2016)不同,实时深度图像人手位姿估计突破了传统手势识别依赖人为定义固定手势规则的限制,能够实时估计连续三维空间中人手骨架的全自由度位姿状态。它具有很高的实用价值,近年来吸引了学术界与工业界的广泛关注,纽约大学知名深度学习科学家 Yann LeCun 团队(Tompson et al.,2014)和微软研究院 HoloLens 团队(Taylor et al.,2016)都对其进行过相关研究。

手部运动与人类日常生活、交流和操作息息相关,以非接触方式实时估计人手位姿信息对于人类动作识别与行为分析具有重要意义。实时深度图像人手位姿估计方法实用性高,可被广泛应用于医疗卫生、智能机器人、辅助驾驶、增强/虚拟现实、工程设计、移动应用等领域(图 1-1)。例如,在医学领域,为了满足严格的无菌环境安全要求,可采用非接触式人手交互方法协助外科医生查阅病人资料和核磁共振图像(Jacob and Wachs,2014);在安全驾驶领域,自然的非接触式人手交互方法能有效帮助驾驶员在注视前方道路的同时操作车载设备(Deo et al.，2016)，避免传统按钮或触摸屏交互方式对驾驶员视觉注意力的干扰。

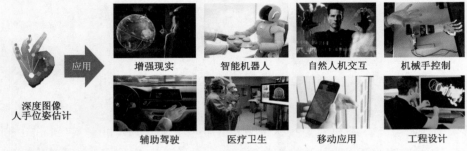

图 1-1　深度图像手腕与 20 个指关节的三维位姿估计(左)及其应用领域(右)

　　基于手势的人机交互系统主要包含人手图像的获取和预处理、人手检测、人手姿态估计、手势/行为识别、交互控制模块等。过去由于手势识别任务大多建立在一种有约束环境下，即背景简单或者单张图片中仅有一只人手，因此人们主要对在有约束环境中的人手姿态估计、手势/行为识别进行研究。近年来，在有约束环境中的手势/行为识别相关任务已经实现了较高的精度。然而，在无约束环境中由于受到复杂背景或者未知人手数目等因素的影响，现阶段很多手势/行为识别的方法都无法适用。在无约束环境中的手势/行为识别任务逐步成为人手相关应用领域的研究趋势。无约束环境下高精度的人手检测是整个手势/行为识别流程中的关键一步(Ge et al.，2017)。相较于一般的目标，人手具有较高的自由度，具有多种角度、尺度、形状以及肤色，在无约束环境中通常还存在空间遮挡、光照不均衡等问题，因此在无约束环境中可靠地检测人手是一个具有挑战性的问题。

1.2　国内外研究现状

1. 彩色与深度(RGB-D)图像

　　RGB-D 图像不仅包含图像的色彩信息，同时还包含图像中目标的深度值信息，用于表示图像中的目标表面与深度传感器的距离值。RGB-D 图像主要由普通的 RGB 三通道彩色图像和深度图组成，深度图是包含传感器与场景中对象的表面距离有关信息的图像或图像通道。简而言之，深度图类似于灰度图像，但深度图像中的每个像素值代表传感器距离物体的实际距离。将深度图与 RGB 图像对齐后，两者的像素点之间通常具有一对一的对应关系。当前获取目标深度信息的途径主要有结构光法、光飞时间法、双目视觉。目前使用最为广泛的深度传感器有微软的 Kinect、英特尔的 RealSense 等，这类传感器不仅能够采集 RGB 图像，同时也能获取深度图像。相较于微软的 Kinect，英特尔的 RealSense 更为轻便，且能获取分辨率更高的深度图像。

　　由于 RGB-D 图像中包含的特征信息与 RGB 图像有所差异，RGB-D 图像中的目标检测方法应运而生。Gupta 等(2014)在 RGB 图像的目标检测算法 R-CNN(region based convolution neural networks)的基础上,增加了一个模块对深度图像进行特征提取,从而实现在 RGB-D 图像上对目标进行检测;Deng 等(2017)通过在 RGB-D 图像上提取目标特征,建立了一种将二维检测结果转换成三维空间检测结果的方法。在 RGB-D 图像中人手检测方面,李源(2018)将人手定位和手势识别任务融合进一个端对端的网络中,通过输入整幅 RGB-D 图像,预测定位人手所在位置并识别手势类别。然而,在该方法中李源直接将 RGB-D 图像输入到单个特征提取网络中计算 RGB-D 图像特征,用于预测人手位置以及手势分类,没有针对 RGB-D 图像的特性单独设计特征提取网络模块结构。

2. 人手检测算法

传统目标检测算法的研究重点在特征提取和特征分类上,即如何提高特征的表达能力、特征的抗形变能力以及如何提升分类器的准确度和速度。因此,国内外研究人员提出了多种形式的特征和分类器。其中,具有代表性的特征有尺度不变特征(scale invariant feature transform,SIFT)、哈尔特征(Haar-like features)、方向梯度直方图(histogram of oriented gradient,HOG)以及 Strip 特征等;代表性分类器有自适应增强分类器(adaptive boosting,AdaBoost)、支持向量机(support vector machine,SVM)以及随机森林(random forest,RF)等。然而,传统目标检测算法使用人工设计的特征,即便运用最好的非线性分类器对特征进行分类,分类定位的准确度也达不到实际需求。人工设计的特征存在以下不足:①设计的特征层次较低,对目标的表达能力不足;②设计的特征可分性较差,导致目标的分类错误率较高;③设计的特征具有针对性,很难选择单一特征用于多目标分类检测。

传统人手检测算法研究中,研究人员主要从基于肤色的研究方法、基于形状的研究方法、基于肤色与形状相结合的研究方法以及基于运动的研究方法 4 个方面进行研究,并采用传统的机器学习算法对特征进行分类。马玉志(2015)结合人手区域块特征与肤色特征进行人手检测任务的研究,但是光照对肤色分割有较大的影响,因此检测模型需要在特定的光照条件下才能取得较好的效果。Mittal 等(2011)提出采用基于肤色或形状的人手检测方法用于候选区域的生成,采用超像素的非极大抑制算法对生成的候选框进行进一步的筛选,获取人手检测框,并在自建的 Oxford Hand 数据集上完成算法的训练测试。尽管对传统的人手定位算法的研究已经取得了一定理论研究成果,但是仍存在以下不足:①传统图像算法需人工构建选择目标特征,工作量大,在面对复杂陌生问题时无法设计足够优秀的特征;②容易受到人种、光照、类肤色背景的影响;③传统方法大多假设在简单背景下,对于本次研究的无约束环境中人手定位任务,其检测精度和效率相对较低。

Jeffery 的学生 Alex Krizhevsky 依靠 8 层卷积神经网络获得了 2012 年 ImageNet 挑战赛冠军,从此深度学习算法进入了一个飞速发展的时期(Krizhevsky et al.,2012)。在目标检测算法研究领域,Girshick 等(2014)提出了一种基于候选区域的目标检测算法 R-CNN,相较于传统方法,R-CNN 采用卷积神经网络代替传统的图形特征提取部分。但该模型仍然采用传统算法生成候选区域,诸如 Objectness 算法、选择搜索算法(selective search,SS)、独立类别目标区域算法(category-independent object proposals,CIOP)等,并在近 2000 个候选区域上重复用卷积神经网络进行特征提取,因此算法执行效率较低,平均处理一张图像时长约为 34s。

He 等(2015)在 R-CNN 的基础上进行改进,提出了一种相对 R-CNN 更高效的目标检测模型 SPP-Net(spatial pyramid pooling network)。该模型首先对增幅图像进行特征提取,然后在任意区域中池化特征,生成固定尺度的特征图用于检测器训练,这种方法避免了重复的卷积计算,极大地提升了检测速度。在 SPP-Net 的基础上 Girshick 等(2015)提出了 Fast R-CNN,首次引入了一个全新的感兴趣区域池化层(region of interest pooling layer,RoI Pooling),将不同尺度候选区域的特征图池化成相同的尺度特征图,并采用多任务学习,同时对检测和分类两个任务进行学习。此后,He 和 Girshick 这两位目标检测领域的领军人物又合作提出了 Faster R-CNN(Ren et al.,2015),相较于前面几种方法,他们在该模型中提出了一个全卷积的候选区域生成网络替换了传统的候选区域生成算法,进一步提升了网络的检测速度。

不同于前面提到的几种基于候选区域的目标检测算法,Redmon 等(2016,2017)提出了 YOLO(you only look once)目标检测算法,该算法将目标检测问题视为一个单阶段回归任务,即输入一张图片,模型直接输出被检测物体的位置和类别,省去了候选区域的生成过程。此后,Liu 等(2016)提出了 SSD(single shot multibox detector)算法,该算法在 VGG(visual geometry group network)网络的基础上提取中间层特征图,然后采用不同尺度的特征图预测不同尺度的目标。Lin 等(2017)提出了以残差网络(residual neural network,ResNet)和特征图金字塔网络(feature pyramid network,FPN)为基本结构的单阶段目标检测模型 RetinaNet,并优化了现阶段的二值交叉熵损失,提出了一种新的损失函数 Focal Loss。该函数可以动态调整损失的尺度,主要用于解决在单阶段目标检测任务中正负例样本不平衡以及简单、复杂样本不平衡问题。单阶段的目标检测算法虽然相对于基于候选区域的目标检测算法在检测速度上有所提升,但是检测精度明显没有基于候选区域的目标检测算法高。

He 等(2017)在基于候选区域的目标检测模型 Faster R-CNN 的基础上扩展了一个语义分割分支,并提出了 Mask R-CNN,在预测目标区域的同时将目标进行分割。为了解决 RoI Pooling 中两次量化操作造成候选区域不匹配从而导致网络对目标进行分割时的效果较差的问题,Mask R-CNN 采用了一种基于双线性插值算法的感兴趣区域对齐算法(region of interest align layer,RoI Align)。此外,语义分割分支也可以替换成其他任务,如人体姿态估计分支。相较于前面几种目标检测算法,Mask R-CNN 引入了更多的上下文信息,解决了目标检测算法中多次量化的问题,因此检测精度相对而言提升较高。

近年来,基于深度学习的目标检测算法取得了较大的突破,人手检测算法研究作为其中的一个小分支,也衍生出了许多优秀的基于深度学习的人手检测算法。在 R-CNN 的基础上,Bambach 等(2015)在生成候选区域这一环节中,基于肤色像素估计以及高斯核密度估计,构建人手 O 出现在图片 I 中的区域 R 的概率模型,生成人手候选区域,然后通过卷积神经网络对分割出来的候选区域进行分类以及定位的修正,并在自建的数据集 EgoHand 上完成算法的训练与测试。Papadimitriou 等(2018)首先对肤色像素进行估计并分割,然后采用卡尔曼滤波器生成少量的候选框,最后同样采用卷积神经网络进行候选区域的分类及定位修正。然而,同 R-CNN 一样,此类算法由于在所有的候选区域上重复使用卷积神经网络进行特征提取的计算,因此检测速度相对较慢,并且由于采用其他算法生成候选区域,整个目标检测模型无法端对端地进行训练。

  Le 等(2016,2017)提出在 Faster R-CNN 的基础上改进共享卷积层的网络结构,通过提取 VGG-16 中间层特征图进行融合提升特征的感受野表达。然而在特征融合中采用了池化层将特征图进行了下采样,因此可能丢弃部分特征信息。Gao 等(2020)提出一种基于 SSD 的特征图融合的人手检测算法,通过解卷积将高层次特征与低层次特征融合并用于人手检测。为了增强在复杂环境中的人手检测效果,Roy 等(2017)提出一种结合了肤色检测的 Faster R-CNN算法,然而在模型训练时需要单独训练肤色检测器,相对而言训练过程较为复杂。

  在人手检测领域,有一些研究者将人手角度估计引入检测模型中。受空间变换网络启发,Deng 等(2017)在 Faster R-CNN 中引入一个旋转感知网络,将候选区域中的人手通过旋转变换至指向相同方向,使分类器更易于分类人手。Narasimhaswamy 等(2019)在 Faster R-CNN中引入一个上下文"注意"模块用于人手定位以及旋转角度的估计。上述几种人手检测方法均以 Faster R-CNN 为基础网络结构,检测速度相对较慢。为了解决检测速度慢的问题,Yang 等(2019)提出了一种轻型 CNN 网络,该网络使用改进的 Mobile Net 作为特征提取器,与 SSD 框架相结合,实现了手部位置和方向的快速检测。

3. 人手位姿估计

  手姿态估计和手势识别是紧密相关的任务。手姿态估计又称手的关键点检测,是比手势识别更复杂的任务,因为它需要精确定位到手的每个关节点的位置。目前,手姿态估计面临很多挑战,如背景杂乱(手在图像中只有很小一块区域),手通常与其他对象有交互等。这些难点给手姿态估计带来严峻的挑战,大大限制了其精度的提升。国内外许多研究者投身手姿态估计的研究中。通常,可以从深度图像中估算 3D 手势。最近,从彩色图像估计 3D 手姿势已引起广泛关注。La 等(2011)通过 3D 手模型拟合从单眼彩色图像估计手姿势;Zimmermann 和 Brox(2017)从深层的 CNN 网络中隐式学习了 3D 手先验;Mueller 等(2018)将图像到图像转换模型用于生成逼真的手势数据;Spurr 等(2018)、Yang 和 Yao(2019)通过分析由生成模型学习的隐层特征向量来估计手部姿势;Ge 等(2019)使用图卷积神经网络来重建 3D 手的姿势和形状;Narasimhaswamy 等(2019)使用结构化区域集成网络来估计手部姿态。

  由于手势与人手三维姿势密切相关,因此许多方法都基于人手位姿估计的结果来估计手势类别。由于可以基于人手关键点坐标以及人手骨架结构直观地进行手势识别,许多研究工作都从 3D 关节和骨骼中识别手势或动作(即姿势估计模块的估计结果)。De 等(2016)从 3D 骨架估计结果识别手势;Liu 等(2017)将带有信任门的 LSTM 网络用于手势识别;Nguyen 等(2019)将 SPD 流形学习用于手势识别;Xu 等(2017)基于李群流形理论识别了手势;Xu 等(2016)使用随机森林分类器,根据手势估计结果对手势进行了分类。然而,在无约束环境中稳定地估计手的姿势是非常困难的,因为手包含 21 个关节,每个关节为 3DoF,空间较大,手的估计结果不够准确,共享信息也没有得到充分利用。一些研究工作联合估计手势和姿势,但这些工作主要集中于动态姿势(动作)识别。Luvizon 等(2018)在多任务框架中共同学习了行为识别和人体姿势估计;Nie 等(2015)使用层次结构模型来预测人类的姿势和动作;Yang 等(2019)通过对多阶时间特征的分析实现了动态手势(动作)识别和手势姿态的协同学习。

4. 手势识别

基于数据手套的手势识别已经发展得很成熟了，并被广泛应用于各个领域。Prasad 等（2014）利用 DGS 手持式数据手套，设计了一种与 VLC 媒体播放器智能、高效交互的人机界面，这种设计将静态键盘与动态人体手势映射在一起，使人机交互更加自然。Cheng 等（2014）使用数据手套和三维眼镜协同工作系统，发现数据手套配合虚拟环境立体投影可以有效地辅助自闭症患儿克服社交礼仪障碍。研究人员发现，人们在进行手势活动时，针对特定的动作，生理信号表现出固定的模式，这一发现使得基于生理信号的手势识别成为可能。Côté-Allard 等（2018）通过使用可穿戴设备的肌电信号和深度转移学习技术来可靠地确定手势。Kim 等（2017）用超宽带脉冲信号的手势识别传感器，将采集的每种手势反射的波形作为训练数据，训练神经网络分类模型进行手势分类。基于表面肌电信号的手势识别由于需要采集表面肌电信号，需要专门的采集设备紧贴皮肤表面，且这些设备一般造价比较昂贵，比较适用于临床医学。基于外部设备的手势识别方法在稳定性和精度方面都不错，但这些方法在实践应用过程中会对人的正常行为造成影响。基于视觉的方法，能让人摆脱道具的束缚，提高人机交互的体验感。特别是对于混合现实的应用而言，由于其移动的自由性和场景的沉浸性，最契合的交互方式应当是用自然的方法，任何需要借助多余设备而实现交互的方式都是不够自然的，因此基于计算机视觉对手势信息进行判别的交互模式是更好的选择。

基于计算机视觉的手势识别方法给人们提供了便捷的交互方式，不同方法采用了不同的摄像机来实现手势识别任务，然而不同的摄像头能应用的场景也不一样。Leap motion 使用鱼眼立体相机捕捉手势，但它只在近距离（0.6m）范围内工作（Weichert et al.，2013；Lu et al.，2016；Jin et al.，2016）。随着深度相机技术越来越成熟，以 Kinect 为代表的深度相机传感器的出现给手势识别的进步提供了新的机会（Han et al.，2013）。与数据手套（Prasad et al.，2014）不同，Kinect 可以获取物体每个像素对应到相机的距离信息——深度，可以帮助使用者收集人手空间信息和环境空间信息，从而可以方便地将手从背景中分割出来，让研究者把研究重心放在手的特征设计上，大大促进了更自然化的手势识别技术的发展。例如深度相机能提取人体骨骼图像，但深度图分辨率较低，当手到相机的距离超过 1m 时，很难对提取的手部骨骼图像进行手势识别。深度相机造价相对昂贵且受环境限制较大，而彩色图像包含丰富的颜色和纹理特征，在我们的日常生活中很容易被获取。近年来，基于单目彩色图像进行手势识别以及人手位姿估计的研究逐渐火热起来。基于彩色图像的手势识别应用在短距离和长距离场景中都取得了不错的效果（Li et al.，2018；Mohammed et al.，2019）。

按照信息时变的特性，基于视觉的手势识别技术可分为两类，即动态手势（动作）识别（Xu et al.，2017；Yang et al.，2020）和静态手势识别。所谓动态手势，即对某一特定时间段内手部移动过程的信息获取。此时所需获取的是这个动态过程所代表的手势信息，也可以理解为对跟随着时间而产生变化的空间特征的阐述。动态手势识别需要考虑时序信息，因此大部分研究都应用了隐马尔可夫模型、有限状态机等能够处理时间维度信息的算法。例如隐马尔可夫模型将动态手势定义为一组状态序列，在时间尺度范围内，隐马尔可夫模型具有不变的特性，同时可以对时间序列自动进行分割。在手势识别的上下文中，每个状态可以表示一组可能的手部位置或姿态,状态转换表示某个手位置或姿态转到另一个位置或姿态的概率,相应的输出符号表示特定的手势,一般将输入图片转化为特征向量。静态手势则可定义为获取手部某一种形状。它也可以被理解为对象在特定时间和空间的点的描述。例如,手掌垂直于手臂向外或掌心相对、五个手指靠拢在一起或四根手指蜷曲并伸出拇指,均表示不同的意义。动态手势(动作)识别需要视频片段(或图像序列)作为输入,而静态手势识别只需要单个图像。因此,使用静态手势识别更方便、更灵活。在下面的综述中,我们将重点讨论静态手势识别。

传统手势识别往往基于人工提取的特征进行分类。传统手势识别方法首先需要进行手的定位检测以及手所在图像区域的分割,然后利用手工制作的底层特征(如 SIFT、图像矩、Gabor 滤波器等)进行手势识别。传统方法中,较多地通过肤色与形状进行手的检测。基于肤色的检测方法中,主要选择合适的色彩空间(如 RGB、HSV 等),建立肤色模型。由于肤色会受到光照变化的干扰,为了增强光照变化的检测不变性,研究人员对颜色空间进行操作,采用近似皮肤的色度而不是它们的表观色值。通常通过移除亮度分量,来消除阴影、光照变化的影响,从而使皮肤区域像素的二维直方图在皮肤颜色处有强烈的峰值。一般而言,通过颜色进行手部区域检测分割的方法具有较大局限性,易受到背景中近似人体肤色物体的干扰。基于形状进行检测的方法主要是对图像中手的形状特性进行捕捉,大多通过边缘检测进行手的轮廓提取。一般情况下,基于边缘检测的轮廓提取方法也会检测到大量属于其他物体的边缘,需要加入复杂的后处理过程。尽管传统人手定位算法的理论研究已经达到了一定的水平,但仍存在以下不足:①人工提取特征的方式过程烦琐复杂,且只针对特定场景下有效,这导致模型对数据集的依赖性大,算法的鲁棒性不强;②容易受到人种、光照、类肤色背景的影响;③传统方法大多假设在简单背景下,容易受到复杂环境下的颜色多样性和空间复杂性的影响,很难满足人机交互的需要。

基于深度学习计算机视觉方法通过卷积计算让计算机自动地从图像中提取特征,这样获取的特征更自然,并且通用性好,对一定程度的扭曲或者形变具有很好的鲁棒性,节省了大量的人工提取特征的成本且能处理复杂多样的手势图像。Oyedotun 和 Khashman(2017)将基于卷积网络模型的方法与之前的传统方法做了一系列的对比实验,证明通过简单的卷积神经网络体系结构就可实现出色的静态手势分类。也有人将神经网络和传统方法相结合实现手势分类,如 Sigal 等(2004)先利用 CNN 作为特征提取器,然后通过 SVM 进行手势分类,提出 CNN-SVM 集成分类器(CSEC);Chevtchenko 等(2018)认为手势是通过结合传统的低级特征和 CNN 的高级特征来识别的;Liang 等(2015)从点云中提取深层特征进行支持向量机分类;Oyedtoun 和 Khashman(2017)利用去噪自动编码器(SDAE)识别 24 种美国手语(ASL)手势。

1.3 本书结构安排

本书结构安排如下:

第 1 章 首先介绍了研究背景以及意义,阐述了本书的主要研究难点。然后总结了现阶段人手检测以及手势分类等任务的国内外研究现状及其不足之处,并提出了本书的研究内容和方法。最后给出了整本书的结构安排。

第2章　首先介绍了在无约束环境下彩色图像中人手检测的挑战性，通过分析深度学习网络学习图像特征的机制，在目标检测网络的基础上增加了一个人手外观重构分支，提出了一种基于深度学习的人手检测/重构方法，并介绍了模型的结构。然后详细描述了模型训练的损失函数定义以及训练过程。

第3章　首先分析了在无约束环境下 RGB-D 图像中人手检测任务的研究意义，并构建了一个无约束环境中手势的 RGB-D 数据集。然后在 RGB 图像目标检测算法的基础上进行改进，提出了一种 RGB-D 图像中人手检测算法，并详细介绍了 RGB-D 图像中人手检测算法的模型结构、模型的损失函数定义以及模型的训练过程。

第4章　首先介绍了三维空间几何的数据增强，并对原始深度图像进行旋转、放缩、平移生成大量相似训练样本。然后为进一步增加数据量，利用生成对抗网络将人手位姿生成深度人手图像来增加训练样本。最后为生成更为真实的深度人手图像，将生成对抗网络与风格网络相结合引入真实的人手噪声。

第5章　首先介绍了现阶段人手姿态估计的方法的缺点，分析了深度残差网络强大的特征提取能力和区域集成网络特征融合的优点。然后通过结合深度残差网络强大的特征提取能力和区域特征融合的优势，设计了姿态引导的区域集成网络，利用人手姿态引导人手关节的区域特征提取，进行分层融合回归出人手位姿。最后将提出的模型和其他方法的模型进行对比分析，验证了提出的模型的有效性。

第6章　提出了一种基于共享特征的手势识别与人手位姿估计方法，该方法通过联合学习两种任务的共享特征，使手势识别任务从手势姿态估计任务中受益。在训练过程中，作者设计了一种半监督训练方案来解决联合学习缺乏标注的问题，利用从手势姿态估计任务中学习到的知识，使手势识别准确率显著提高。

第7章　设计和实现了一个无约束场景中的手势识别与人手位姿估计算法，将人手检测、手势识别及人手位姿估计融合到一个端到端的神经网络模型中，实现各个过程的特征共享、相互促进。该算法从彩色图像中检测前景手，然后再识别手势，并估计相应的3D手势，评估先进的手势识别性能。该方法在精度和效率上都取得了很好的效果。

第8章　对本书工作进行了总结，并对后续研究内容进行了展望。

第 2 章 彩色图像中的二维人手检测

彩色图像也被称为 RGB 图像,传统方法主要使用人工设计的弱特征(如 HOG、肤色等)从 RGB 图像中检测二维人手。近年来,随着深度学习的发展,基于深度特征的方法显著提高了二维人手检测的精度。本章主要研究以单幅 RGB 图像为输入的二维人手检测,通过引入人手外观重构任务提高人手检测的精度。在重构人手外观的过程中,模型自动学习人手尺度、形状、肤色等信息,这些信息有助于提高人手位姿检测的精度。

2.1 彩色图像的人手目标定位

为了定位人手目标在彩色 RGB 图像中的二维位置,作者采用了基于候选区域的目标检测算法。该算法主要包括共享卷积层、候选区域生成和分类器与回归器 3 个方面。

1. 共享卷积层

共享卷积层结构用于计算共享卷积特征图。在人手检测任务中,人手的尺度大小不一,因此采用共享卷积层结构生成的特征图金字塔来应对不同尺度大小的人手。首先采用 ResNet-101 对图像特征图进行提取,然后提取 ResNet-101 中间层不同尺度的特征图,接着将高层次的特征图进行上采样融合进低层次的特征图中,最后构成一个特征图金字塔用于下游任务。

2. 候选区域生成

候选区域生成网络(region proposal network,RPN)主要用于预测图像中可能存在的目标区域。在共享卷积网络提取的特征图上,采用 3×3 的滑窗生成候选区域。每个滑窗生成一个一维向量,用于预测不同尺度的候选区域相对于其对应的参考目标框的偏移量。参考目标框也被称为锚点,其中心点坐标为共享卷积特征图上每个像素点对应的感受野的中心坐标。作者采用 3 种不同的尺度和 3 种不同的长宽比,在每个像素点处生成 9 个锚点。

对每个候选区域,采用其与真实目标区域之间的重叠比(interaction of union,IoU)评价候选区域的精度。IoU 的计算公式为

$$IoU = \frac{GT \bigcap Proposal}{GT \bigcup Proposal}$$

式中:GT 表示真实目标区域;Proposal 表示候选区域。

当候选区域与真实目标区域的 IoU 大于 70% 时，该候选区域被视为正例。采用非极大抑制算法(non maximum suppression,NMS)(Neubeck and Gool,2006)保留 IoU 最高的候选区域,抑制该候选区域附近的非最高区域。

将候选区域对应的特征图聚合到一个固定尺寸(7×7)的特征张量上。首先将候选区域平均划分为一个 14×14 的网格,由于候选区域的尺度、长宽比各不相同,划分得到的每一个网格坐标 (x,y) 为一个浮点值而不是整型,因此作者采用双线性插值算法计算网格对应的精确像素值,最后使用一个步长为 2 的最大池化层将特征聚合到 7×7 的张量空间。

3. 分类器与回归器

由于候选区域生成网络仅对图像中的人手进行粗定位,检测精度相对较低。因此,在候选区域生成网络的基础上,增加了一个分类器与回归器,以进一步优化检测结果。首先,采用一个全连接层(full connection,FC)将感兴趣区域(region of interest,RoI)特征图映射到一个一维特征向量上;然后,将这个一维特征向量分别输入分类器和回归器。其中,分类器包含两个全连接层,用于输出目标类别的概率;回归器包含两个全连接层,用于输出一个四维张量,表示预测框相对候选区域的偏差量。

2.2　人手外观重构

无约束场景下人手外观通常较为复杂,训练样本分布不均衡,并且训练数据集中偏差或错误标签等因素可能导致模型过拟合和退化。目标检测网络通常会忽视一些更为复杂的人手外观特征,而这类特征将有助于提升模型的泛化能力。因此在通用的目标检测网络的基础上增加一个人手外观重构分支,可让网络在检测人手的同时学习更多的人手外观特征,并且这些特征对检测分支的分类和目标框的优化有促进作用。本章主要采用变分自编码器的思想对人手外观进行重构。为了提升学习人手外观相似度的能力,作者同时引入了生成对抗网络机制,进一步提升重构人手的效果,接下来将从非对称变分自编码网络和生成对抗网络两个方面介绍模型中人手外观重构的网络结构。

1. 非对称变分自编码网络

变分自编码网络包含编码器(encoder)和解码器(decoder)两部分,通常编码器和解码器的结构是对称的(Kingma and Welling,2014;Higgins et al.,2017)。但是,在人手位姿检测的重构分支中,输入是一整幅图像,输出是对检测到的人手区域的重构,两者不对称。针对该特点,作者设计了如图 2-1 所示的非对称变分自编码结构。

编码器主要用于人手特征的提取。该编码器包含前文所述共享卷积层网络和候选区域生成网络两个部分。将整幅图像输入编码器,计算出人手区域的 RoI 特征图作为重构分支需要的编码特征向量。

解码器模块主要用于重构人手外观。首先输入 RoI 特征图到 1×1 的卷积层生成 RoI 特征图的均值向量 $\boldsymbol{\mu}$ 和对数方差向量 $\boldsymbol{\sigma}$,然后生成一个与 $\boldsymbol{\mu}$ 和 $\boldsymbol{\sigma}$ 维数相同的高斯分布噪声 $\boldsymbol{\Phi}$,

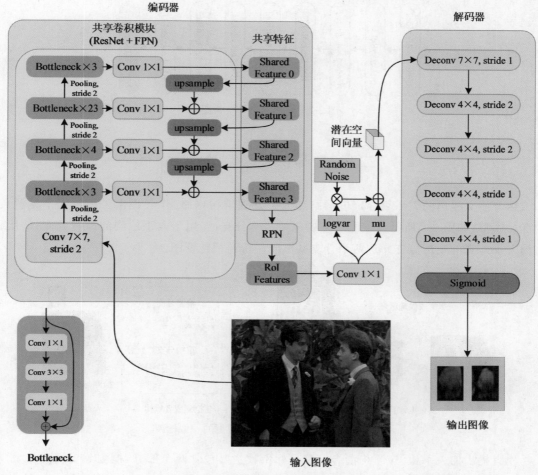

图 2-1　非对称变分自编码结构图

计算潜在空间向量 c，即

$$c = \mu + \frac{e^{\sigma}}{2} \times \Phi$$

最后将潜在空间向量 c 输入 5 层解卷积层中，并采用 Sigmoid 函数将生成的图像像素值映射到 $[0,1]$ 区间上，最终输出重构的图像。

2. 生成对抗网络

基于变分自编码网络的模型仅仅通过最小化像素误差进行图像重构，虽然实现简单，但是没有考虑视觉感知因素，重构的图像可能存在模糊现象。生成对抗网络能够学习丰富的图像相似度特征，本章在重构分支中引入了一个判别器，通过判别器使网络能够更好地学习人手外观的视觉特征，使重构的人手局部细节变得更清晰。在本章提出的模型中，判别器的输入为真实目标框内的人手图像和重构的人手图像。判别器网络结构如图 2-2 所示，它包含 4 层卷积层，在网络的末尾，采用了一个 Sigmoid 函数判断输入图像的真假概率。

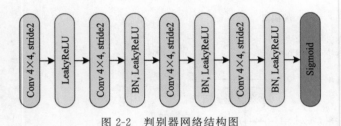

图 2-2　判别器网络结构图

2.3　目标函数与联合训练

结合前文提出的人手目标定位网络和人手外观重构网络,作者提出了一种人手检测/重构混合模型,如图 2-3 所示。该模型主要包括两个分支:①用于人手检测的检测分支;②用于重构人手外观的重构分支。这两个分支共享同一个卷积特征图。

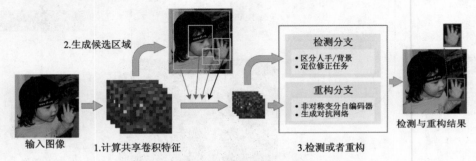

图 2-3　人手检测/重构混合模型的一般框架

作者提出的人手检测/重构混合模型目标函数主要包含两个部分,检测分支损失 L_{detect} 和重构分支损失 L_{recons} 。两个部分的损失按照一定比例相加(其中 λ 表示比例因数,本书中选取的是 1),得到整个模型的损失,即

$$L = L_{detect} + \lambda L_{recons}$$

其中,检测分支涉及候选区域生成网络损失 L_{rpn}、目标框修正损失 L_{detreg} 和分类损失 L_{cls},将这 3 种损失按照一定比例(其中 γ_1 和 γ_2 表示比例因数,本书中均选取 1)相加得到检测分支的损失 L_{detect},即

$$L_{detect} = L_{rpn} + \gamma_1 L_{detreg} + \gamma_2 L_{cls}$$

在候选区域生成网络中,对共享卷积特征图上的每个像素点引入锚点(anchor)机制,通过预设置一系列固定尺度和长宽比的锚点,使像素点均匀地分布在共享卷积特征图上。将真实目标框与预设的锚点坐标之间的偏移定义为

$$t_x = \frac{x - x_a}{w_a}, t_y = \frac{y - y_a}{h_a}, t_w = \lg \frac{w}{w_a}, t_h = \lg \frac{h}{h_a}$$

$$t_x^* = \frac{x^* - x_a}{w_a}, t_y^* = \frac{y^* - y_a}{h_a}, t_w^* = \lg \frac{w^*}{w_a}, t_h^* = \lg \frac{h^*}{h_a}$$

其中,(t_x, t_y, t_w, t_h) 表示真实目标框(dround truth,GT)与锚点之间的偏移坐标;$(t_x^*, t_y^*, t_w^*, t_h^*)$

表示预测目标框与锚点之间的偏移坐标,通过最小化两个偏移量之间的损失,预测精度更高的目标检测框;(x,y) 表示真实 GT 的中心点坐标值;w 和 h 分别表示 GT 的宽和高;(x_a,y_a) 表示预设置的锚点中心坐标;w_a 和 h_a 分别表示预设置的锚点的宽和高;(x^*,y^*) 表示预测目标框的中心点坐标值;w^* 和 h^* 分别表示预测目标框的宽和高。

首先将预设置的锚点与真实目标框进行匹配,当锚点与真实目标框之间的 IoU 大于 0.7 时,则为正例,将锚点对应的标签 l 设置为 1;若锚点与真实目标框之间的 IoU 小于 0.3 时,则为负例,将锚点对应的标签 l 设置为 0。然后从候选区域框回归和候选区域目标得分两个方面计算候选区域生成的网络损失 L_{rpn}。

候选区域回归损失 L_{propreg} 表示候选区域与真实目标框的相对位置偏差损失,主要采用 $\text{Smooth}_{\text{L}_1}$ 损失,计算公式为

$$L_{\text{propreg}}(\boldsymbol{t},\boldsymbol{t}^*)=\frac{1}{N_D}\sum\begin{cases}0.5\,|\boldsymbol{t}-\boldsymbol{t}^*|^2,&|\boldsymbol{t}-\boldsymbol{t}^*|<1\\|\boldsymbol{t}-\boldsymbol{t}^*|-0.5,&\text{其他}\end{cases}$$

式中:t 表示计算得到的真实目标框相对于锚点的偏差参数;t^* 表示候选区域生成网络输出的与 t 相关的预测值,即预测候选区域坐标与锚点之间的偏差;N_D 表示正例的候选区域的数目。

候选区域目标检测 L_{obj} 是一个二分类的对数损失,判断候选区域内的目标是前景还是背景,采用二值交叉熵,即

$$L_{\text{obj}}(\boldsymbol{l},\boldsymbol{l}^*)=-\frac{1}{M_D}\sum[\boldsymbol{l}^*\lg(\boldsymbol{l})+(1-\boldsymbol{l}^*)\lg(1-\boldsymbol{l})]$$

式中:l 表示锚点的标签向量;l^* 表示预测概率向量,表示候选区域生成网络生成的一系列候选区域中是否存在目标;M_D 表示正例候选区域与负例候选区域的总数目。

由于单幅图像中的人手数目是未知的,因此,不同的图像中 N_D 和 M_D 选取的数值不一定相同。目标框修正损失采用 $\text{Smooth}_{\text{L}_1}$ 损失,分类损失者采用二值交叉熵计算。

重构分支采用非对称的 VAE 结构对人手的外观进行重构,并在此基础上采用 GAN 进一步对重构的图像进行判别。VAE 重构分支损失 L_{recons} 主要包括两个部分:①最小化的生成图像和真实图像的 MSE 距离;②最小化编码器输出的向量分布与高斯分布之间的散度(kullback-leibler,KL),使编码器输出向量接近标准正态分布。具体定义为

$$L_{\text{recons}}(\boldsymbol{P},\boldsymbol{P}^*,\boldsymbol{\mu},\boldsymbol{\sigma})=\frac{1}{N_R}\sum\{|\boldsymbol{P}-\boldsymbol{P}^*|^2+\text{KL}[N(\boldsymbol{\mu},\boldsymbol{\sigma}),N(\boldsymbol{0},\boldsymbol{1})]\}$$

式中:P 表示重构的人手图像;P^* 表示真实目标区域的人手图像;μ 表示编码器输出的均值向量;σ 表示编码器输出的对数方差向量;N_R 表示重构图像的数目。

为了进一步提升模型的检测性能,引入一个生成对抗网络的判别器用于判别输入判别器中的图像真假,并采用交叉熵损失,计算公式为

$$L(\boldsymbol{p},\boldsymbol{p}^*)=-\frac{1}{M_R}\sum[\boldsymbol{p}^*\cdot\lg(\boldsymbol{p})+(1-\boldsymbol{p}^*)\cdot\lg(1-\boldsymbol{p})]$$

式中:p^* 表示输入图像的标签向量(真实图像的标签为 1,生成的假图像标签则为 0);p 则表示由判别器输出的判别图像的概率向量;M_R 表示输入图像的数目。

在模型训练期间,整个生成对抗网络模型的损失为

$$L_D = -\frac{1}{M_{R1}} \sum \left[\lg(D(\mathbf{real})) + \lg(1 - D(\mathbf{fake})) \right]$$

$$L_G = -\frac{1}{M_{R2}} \sum \lg(D(G(r)))$$

式中:D 表示判别器函数;G 表示重构函数;$\mathbf{real}$ 表示真实目标区域内的图像;$\mathbf{fake}$ 表示重构的图像;r 表示由候选区域生成网络输出的 RoI 特征图;M_{R1} 表示所有的真实图像以及重构图像的数目;M_{R2} 表示重构图像的数目。

2.4 实验结果分析

本章在 Oxford Hand 数据集和 EgoHand 数据集上进行实验评估分析。Oxford Hand 数据集是一个全面的人手图像数据集,其中的图像主要从多种不同的公共数据集中采集得到。在每张图像中,对所有肉眼可见的人手都进行了标注。整个数据集包含 13 050 个人手实例,其中训练集包含 11 019 个人手实例,测试集包含 2031 个人手实例。EgoHand 数据集包含 48 个由谷歌眼镜拍摄的第一人称视角交互动作(如打扑克、下棋、拼图等)视频。整个数据集一共有 130 000 帧图像,对其中 4800 张图像进行了标注,总共有 15 053 个人手实例。

1. 数据预处理和模型训练及实验平台

(1)数据预处理:为了扩充数据样本容量,对于每组实验,采用尺度变换、水平翻转以及平移等方式扩充样本,避免模型过拟合。此外,为了加速模型的收敛,在图像输入到模型训练之前,首先将图像的像素值进行归一化处理,将[0,255]区间内的像素值映射到[0,1]区间内。

(2)模型训练:对模型的权重进行初始化,单次迭代过程中输入到模型中的图像为1,遍历整个数据集为一个周期,总共训练 10 个周期。在训练迭代过程中,采用随机梯度下降算法(stochastic gradient descent,SGD)对模型权值参数进行优化,权重衰减为 0.000 5,动量因素为 0.9,初始学习率为 0.005,并且每迭代 3 个周期,学习率乘 0.1。

(3)实验平台:所有的实验均在配有 Intel iCore 7 CPU、32G 内存以及具有 11G 显存的 GTX 1080Ti GPU 的工作站上进行,实验程序在 Pytorch 深度学习框架下实现。

2. 评估指标

目标检测通常包含目标定位和分类两个任务,为了评估模型的定位能力,一般采用 IoU 评价检测框的优劣,若预测框与真实目标框之间的 IoU 大于某一阈值时,判定目标被正确检测。检测结果可分成以下几种情况:①预测目标与实际的目标相同,记作真正例(true positive,TP);②预测目标与实际的目标不相同,记作假正例(false positive,FP);③无目标的位置给出了预测目标,记作真负例(true negative,TN);④有目标的位置未给出预测框,记作假负例(false negative,FN)。

模型的精确度(P)表示检测出的样本中正确的数目占比,召回率(R)表示测试样本正例

中能够正确检测出的正例样本的占比,其定义为

$$P = \frac{\text{TP}}{\text{TP} + \text{FP}}$$

$$R = \frac{\text{TP}}{\text{TP} + \text{FN}}$$

给定 IoU 阈值,对目标检测模型绘制 $P\text{-}R$ 曲线图,其中 $P\text{-}R$ 曲线与坐标轴围成的面积表示模型的平均精度(average precision,AP),平均精度的最大值为 1。AP_{50} 表示 IoU 阈值为 0.5 时模型的平均精度,AP_{75} 表示 IoU 阈值为 0.75 时模型的平均精度,$\text{AP}_{50:95}$ 表示 IoU 在 $[0.5, 0.95]$ 区间内以 0.05 的步长取阈值对应的平均精度的平均值。在一般的目标检测算法中,通常需要检测多个类别的目标,采用 mAP(mean average precision)表示多个类别的 $\text{AP}_{50:95}$ 的平均值。在二维平面上的人手检测任务中通常采用 mAP 代替 $\text{AP}_{50:95}$。接下来分别在 Oxford Hand 数据集和 EgoHand 数据集上对所提出的人手检测算法进行评估。

3. 实验结果与对比分析

本章中提出的人手检测算法包含两个变种:①Ours without GAN,即没有生成对抗网络的检测/重构混合模型;②Ours with GAN,即有生成对抗网络的检测/重构混合模型。在对比实验中,评价指标为真实目标框与预测目标框之间 IoU 阈值为 0.5 时的平均精度,即 AP_{50}(表 2-1)。

表 2-1　IoU 阈值为 0.5 时在 Oxford Hand 数据集上的平均精度

人手检测模型	平均精度(AP_{50})/%
R-CNN(Girshick et al.,2014)	42.3
Multi Proposals with NMS(Mittal et al.,2011)	48.2
Faster R-CNN(Ren et al.,2015)	55.7
Rotation Estimation(Deng et al.,2017)	58.1
Mask R-CNN(He et al.,2017)	70.5
MS-RFCN(Le et al.,2017)	75.1
Hand-CNN(Narasimhaswamy et al.,2019)	78.8
SSD-Hand(Yang et al.,2019)	83.2
Ours without GAN	87.0
Ours with GAN	87.6

为了进一步分析所提出方法的性能,展开如下几组对比实验:①Baseline 1,仅采用通用目标检测模型中的 Mask R-CNN 进行人手的检测;②Baseline 2,在 Mask R-CNN 的基础上改进了其共享卷积层网络,采用 FPN 作为其共享卷积层网络,将 FPN 生成的多尺度特征图用于人手检测;③Ours without GAN,作者提出的一种没有基于生成对抗网络的人手检测/重构混合模型;④Ours with GAN,作者提出的一种基于生成对抗网络的人手检测/重构混合模

型。对于这4组不同的实验，采用mAP、AP_{50}以及AP_{75}这3种不同的指标对模型的表现进行分析。

分析表2-2可知，Ours without GAN的mAP为44.0%，相较于Baseline 2提升了8.8%，由此可知，人手的外观重构对于模型的检测人手的能力有所提升。此外，Ours with GAN的AP_{75}为42.0%，相较于Ours without GAN提升了约4.1%，说明GAN能够改进预测框与真实目标框之间的IoU，让预测的目标框能够更好地定位目标。并且，Ours with GAN的mAP相较于Ours without GAN提升了2.2%，这意味着Ours with GAN有着更优于Ours without GAN的综合检测能力。

表2-2　深入比较人手检测/重构模型与基准模型

人手检测模型	mAP/%	AP_{50}/%	AP_{75}/%
Baseline 1(He et al.,2017)	31.5	70.5	22.1
Baseline 2(He et al.,2017;Lin et al.,2017)	35.2	78.1	25.3
Ours without GAN	44.0	87.0	37.9
Ours with GAN	46.2	87.6	42.0

相较于其他对比方法，作者提出的人手检测/重构混合模型在模型执行效率上也有一定的优势，具体数据如表2-3所示。由于对人手外观重构需要占用一些计算资源，因此作者提出的方法相对于RPN和SSD-Hand两种人手检测方法而言需要更多的时间，但是作者提出的方法处理一张图像的时间约为0.1s，基本能够达到实时性的要求。

表2-3　测试阶段模型检测人手平均时间

人手检测模型	时间/s
Multi Proposals with NMS(Nittal et al.,2011)	120
Faster R-CNN(Ren et al.,2015)	0.08
RPN(Ren et al.,2015)	0.1
Rotation Estimation(Deng et al.,2017)	1.0
MS-RFCN(Le et al.,2017)	0.215 0
SSD-Hand(Yang et al.,2019)	0.007 2
Ours without GAN	0.111 2
Ours with GAN	0.112 1

图2-4给出本章中提出的方法在Oxford Hand数据集上的检测结果，同时也给出了重构的人手图像。其中绿色方框是本章中提出的模型预测的结果，红色方框为真实的目标框，蓝色方框内的是重构的人手图像，重构的图像样例左上角的编号对应统一编号的检测人手。

在EgoHand数据集上对本章中提出的模型进行评估，如表2-4所示。当IoU阈值为0.5时，相较于其他方法，Ours with GAN为在EgoHand数据集上表现最好的模型，其AP_{50}达到

图 2-4 在 Oxford Hand 数据集上的检测结果样例

94.2%。说明作者提出的方法在 EgoHand 数据集上同样能够取得较好的结果。

表 2-4 IoU 阈值为 0.5 时在 EgoHand 数据集上的平均精度

人手检测模型	平均精度（AP_{50}）/%
Objectness(Alexe et al.,2012)	56.8
Selective Search(Vijlings et al.,2013)	72.9
R-CNN(Girshick et al.,2014)	84.2
Ours without GAN	93.3
Ours with GAN	94.2

此外，作者采用了一种"预训练＋微调"模型参数的训练方式，首先利用 Oxford Hand 数据集对整个模型进行预训练，然后在 EgoHand 数据集上对模型的参数进行微调，并根据 mAP、AP_{50} 以及 AP_{75} 这 3 种不同的指标对模型的表现进行分析，实验结果如表 2-5 所示。从表 2-5 中可以很明显地看出"预训练＋微调"的训练方式对模型的检测效果有一定的提升，其中采用此种训练方式的 Ours with GAN 的 AP_{75} 提升了 2.3%，mAP 同样提升了 1.7%，说明通过"预训练＋微调"的训练方式可以帮助模型提升人手检测的精度。

表 2-5 不同训练方式之间模型精度对比

数据集	人手检测模型	mAP/%	AP_{50}/%	AP_{75}/%
EgoHand	Ours without GAN	58.4	93.3	68.3
EgoHand	Ours with GAN	60.2	94.2	70.4
Oxford Hand＋EgoHand	Ours without GAN	59.1	93.6	69.0
Oxford Hand＋EgoHand	Ours with GAN	61.9	94.4	72.7

图 2-5 给出本章中提出的方法在 EgoHand 数据集上的检测样例以及人手外观重构的样

例。其中绿色框是模型预测的目标框,红色框为真实目标框,蓝色框内是重构的人手图像,重构的图像样例左上角的编号对应统一编号的检测人手。

图 2-5　在 EgoHand 数据集上的检测结果样例

2.5　本章小结

由于人手外观特征复杂,训练样本分布不均衡,在特定的数据集中存在一定的偏差。作者提出一种基于深度学习的彩色图像中人手检测/重构混合模型,通过重构人手外观的方式强化网络学习人手外观特征能力,并可靠地检测人手在二维平面上的位置;引入一个重构分支提升模型检测人手的精度,使网络训练过程中优化器不仅优化检测的结果,同时提升网络重构人手区域的能力。在网络学习得到的 RoI 特征图中包含人手检测任务信息和重构人手外观的信息。在模型中引入生成对抗网络的机制,提升重构的效果,促进模型学习人手相关的特征信息,用于进一步改进人手检测精度。为了验证提出模型的精度,在两个广泛使用的人手公开数据集(Oxford Hand 和 EgoHand)上对提出的人手检测算法进行测试。实验分析表明作者提出的人手检测/重构模型能够高精度地检测出彩色图像中的二维人手位置。

第3章　彩色与深度图像中的三维人手检测

彩色与深度图像也被称为 RGB-D 图像，RGB-D 图像包含两个部分，其中 RGB 为彩色图像，D 为深度图像。在实际应用中，RGB 彩色图像中仅能检测出人手在二维平面上的相对位置，但缺乏三维深度信息。通过深度相机采集的 RGB-D 图像不仅包含了 RGB 彩色图像信息，还可以获取人手相对于相机的深度信息。通过对 RGB-D 中的人手进行检测可以获取人手在三维空间中的相对位置。本章针对 RGB-D 图像中人手检测任务，对第 2 章中提出的 RGB 彩色图像中人手检测算法进行改进，通过二维坐标映射到三维的方式提出了一种 RGB-D 图像中人手检测算法。接下来主要从深度图到三维点云坐标映射、RGB-D 图像的特征提取与融合、RGB-D 图像中人手目标定位、RGB-D 图像中人手外观重构以及 RGB-D 图像中人手监测模型 5 个方面进行介绍，并对采集的数据和实验结果进行分析。

3.1　深度图到三维点云坐标映射

第 2 章的 RGB 图像人手检测算法通过深度学习模型预测人手在像素坐标系下的二维平面坐标，然而在人机交互应用过程中，更多的是寻求三维空间中的位置。为了进一步实现人手在三维空间中的定位，作者结合深度图像中的深度值与基于深度学习的人手检测网络预测的人手坐标，利用成像原理将二维坐标映射到三维空间中。目标通过透视投影从三维空间投影到二维平面上，整个成像过程涉及 4 种坐标系，即相机坐标系、世界坐标系、图像坐标系以及像素坐标系，具体如图 3-1 所示。

在相机坐标系下某一世界坐标中的物体 P 的坐标为 (X_P, Y_P, Z_P)，通过透视原理，将物体 P 从三维空间中投影到图像平面

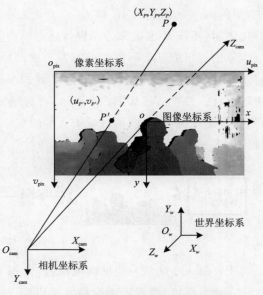

图 3-1　透视成像过程中的几种坐标系变换

上，它对应图像上的 P'，在像素坐标中 P' 的坐标为 $(u_{P'}, v_{P'})$，在图像坐标中 P' 的坐标为

$(x_{P'}, y_{P'})$。根据几何变换，将相机坐标系下的目标物体 P 转换成目标物体在图像坐标系中 P' 的坐标，即

$$Z_P \begin{bmatrix} x_{P'} \\ y_{P'} \\ 1 \end{bmatrix} = \begin{bmatrix} f & 0 & 0 & 0 \\ 0 & f & 0 & 0 \\ 0 & 0 & 1 & 0 \end{bmatrix} \begin{bmatrix} X_P \\ Y_P \\ Z_P \\ 1 \end{bmatrix} \tag{3-1}$$

式中：f 表示深度传感器的光心 O_{cam} 到成像平面的距离，也被称为相机传感器的焦距。

一般图像坐标系的原点和像素坐标系的原点不在同一点上，通常在图像目标检测过程中更多的是预测目标在像素坐标系下的坐标。在像素坐标下，每个像素单元的物理尺寸为 $d_x \times d_y$，其中 d_x 和 d_y 的值由相机传感器的硬件决定。对于图像中的 P' 点，可以按照如下公式互转 P' 在图像坐标系中的坐标和在像素坐标系中的坐标：

$$\begin{bmatrix} u_{P'} \\ v_{P'} \\ 1 \end{bmatrix} = \begin{bmatrix} 1/d_x & 0 & u_o \\ 0 & 1/d_y & v_o \\ 0 & 0 & 1 \end{bmatrix} \begin{bmatrix} x_{P'} \\ y_{P'} \\ 1 \end{bmatrix} \tag{3-2}$$

式中，(u_o, v_o) 表示图像坐标系的原点在像素坐标下的坐标。

结合式（3-1）可以计算得到目标坐标在相机坐标系与像素坐标系之间的转换关系，即

$$Z_P \begin{bmatrix} u_{P'} \\ v_{P'} \\ 1 \end{bmatrix} = \begin{bmatrix} f/d_x & 0 & u_o & 0 \\ 0 & f/d_y & v_o & 0 \\ 0 & 0 & 1 & 0 \end{bmatrix} \begin{bmatrix} X_P \\ Y_P \\ Z_P \\ 1 \end{bmatrix} = \begin{bmatrix} \boldsymbol{K} & \boldsymbol{0}_{3\times1} \end{bmatrix} \begin{bmatrix} X_P \\ Y_P \\ Z_P \\ 1 \end{bmatrix} \tag{3-3}$$

其中，矩阵 $\boldsymbol{K}$ 中的系数 f/d_x 和 f/d_y 分别表示相机传感器在像素坐标系的 u 和 v 轴方向上的归一化焦距，矩阵 $\boldsymbol{K}$ 也被称为相机传感器的内参矩阵。

本章中提出的基于深度学习的人手检测模型可以预测出包含人手所在区域的目标框坐标，接下来结合深度图像中对应人手区域的深度值，进一步确定相机坐标系下人手在三维空间中的坐标。整个流程如图 3-2 所示，首先确定深度图像中存在人手的区域，并将其裁剪出来，然后采用聚类算法，获取区域中人手的重心点坐标，最后将人手重心在像素坐标系中的坐标转换成人手在相机坐标系中的坐标。

图 3-2　二维坐标映射到三维空间流程

对于任意人手区域对应的深度图像，其每一个像素点表示人手的深度值，并且每个像素点对应一个坐标，由像素点坐标和像素值构成一个三维向量 (u, v, d)，整个人手区域则构成一个 $W \times H \times 3$ 维矩阵 $\boldsymbol{D}$，其中 W 和 H 分别表示人手区域的宽和高。接下来将矩阵 $\boldsymbol{D}$ 转换成一个 $W \times H \times 3$ 维矩阵，最后采用一个 K-Means 算法对矩阵 $\boldsymbol{D}$ 中的三维向量进行聚类，求

得区域中的人手重心点坐标。

3.2　RGB-D 图像特征提取与融合

作者提出的 RGB 图像中人手检测算法首先采用一个特征金字塔网络对 RGB 三通道图像进行特征提取,得到一个多尺度的特征图金字塔。然而,在本章中,需要对 RGB-D 四通道图像进行特征提取,然后用于人手检测任务。因此,如何对 RGB-D 图像进行特征提取是 RGB-D 图像中人手检测任务的一个首要环节。

RGB 图像和深度图像所包含的信息有所不同,为了验证不同的信息通过不同的特征提取方案获取的特征对人手检测的影响,如图 3-3 所示,作者设计了 4 种特征提取方案:①仅对 RGB 彩色图像进行特征提取,验证 RGB 彩色信息特征用于检测人手的效果;②仅对单通道的深度图像进行特征提取,验证深度图像信息特征用于检测人手的效果;③采用单一的网络结构直接对四通道的 RGB-D 图像进行特征提取,验证结合了 RGB 和深度信息的特征用于检测人手的效果;④分别使用两个单独的网络结构对三通道的 RGB 彩色图像和单通道的深度图进行特征提取,然后融合两个独立的特征提取网络输出的特征图用于后续的人手检测任务,验证采用两个独立网络的特征提取方案获取特征用于检测人手的效果。

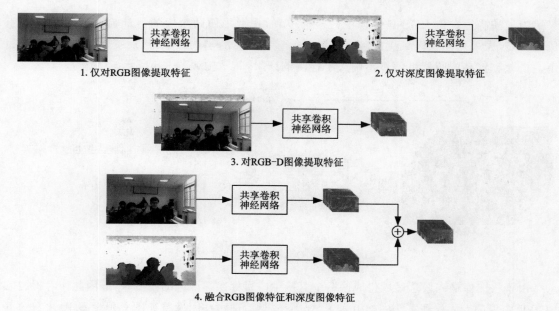

图 3-3　4 种不同的特征提取模块设计方案

在无约束环境中,人手距离深度传感器视角的远近导致人手的大小尺度具有多样性,而采用单一尺度的特征图用于人手检测,可能导致较小尺度的人手出现漏检的问题。本章中同样采用特征图金字塔网络提取不同尺度的特征图解决在 RGB-D 图像中多尺度的人手检测问题。考虑到模型的计算开销问题,为了提升模型检测速度,作者采用了网络层数更少的 ResNet-50 作为特征图金字塔网络的主体结构,具体结构如图 3-4 所示。

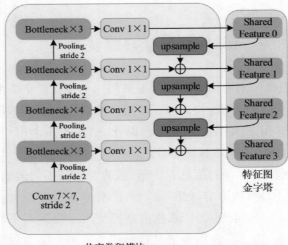

共享卷积模块

图 3-4　共享卷积模块(ResNet-50＋FPN)结构图

3.3　RGB-D 图像中人手目标定位

为了精确地定位 RGB-D 图像中人手的位置,作者采用两阶段的目标检测机制定位人手位置,即首先采用候选区域生成网络生成可能存在目标的候选区域,然后提取候选区域特征,用一个分类器和回归器进一步精确人手检测的结果,其结构如图 3-5 所示。

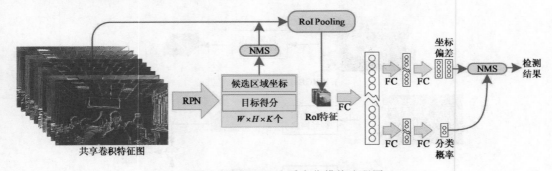

图 3-5　RGB-D 人手定位模块流程图

由于将图像输入候选区域生成网络中直接生成目标候选区域的精度较低,因此作者提出的 RGB-D 图像中人手检测算法同样引入了 Anchor 机制,通过在图像特征图上预设置 $W \times H \times K$ 个 Anchor,提升候选区域的定位精度。其中 W 和 H 分别表示 3.2 节中由特征提取模块计算得到的共享卷积特征图的长与宽,K 则表示共享卷积特征图上每个像素点位置预设置的 Anchor 数目。本章中设计了 3 种不同尺度的 Anchor,并且每种尺度的 Anchor 对应 3 种不同的长宽比,即 $K = 9$。

在训练过程中,首先将 Anchor 与真实目标框进行匹配(即计算 Anchor 与真实目标框之间的 IoU,若 IoU 大于 0.7 则设定该 Anchor 为正例,若小于 0.3 则设定该 Anchor 为负例),

计算得到正例 Anchor 坐标 (x_a, y_a, w_a, h_a) 与 GT 坐标 (x, y, w, h) 之间的偏移量 (t_x, t_y, t_w, t_h)。每个正例 Anchor 对应的感受野区域的特征经过全连接层输出预测得到该区域的目标得分 l^* 和候选区域相对 Anchor 的坐标偏移量回归值 $(t_x^*, t_y^*, t_w^*, t_h^*)$，然后计算得到候选区域的坐标 (x^*, y^*, w^*, h^*)。最后采用 NMS 算法将候选区域之间 IoU 重叠比大于 0.5 的候选区域去除，并选取目标得分 l^* 最高的预测候选区作为候选区域。

获得了图像的目标候选区域之后，在共享卷积特征图上将候选区域部分的特征裁剪出来，再将候选区域均等分为 14×14 的网格，并使用一种双线性插值的算法聚合候选区域中的特征，然后利用最大池化层将聚合的特征进行采样得到一个 7×7 的 RoI 特征，并根据公式计算 GT 坐标 (x, y, w, h) 与候选区域坐标 (x^*, y^*, w^*, h^*) 之间的偏移量 $(t_{x_t}, t_{y_t}, t_{w_t}, t_{h_t})$。接下来，将 RoI 特征通过一个全连接层映射到一个一维特征向量，并将一维特征向量分别输入二分类器和回归器中（二分类器和回归器均由两层全连接层构成），分别输出分类得分 l_{cls} 以及预测人手目标框坐标 (x_r, y_r, w_r, h_r) 与候选区域坐标 (x^*, y^*, w^*, h^*) 之间的偏移量回归值 $(t_{x_r}, t_{y_r}, t_{w_r}, t_{h_r})$，根据公式计算得到预测人手目标框坐标。最后，同样采用 NMS 算法将人手目标框之间 IoU 重叠比大于 0.7 的人手目标框去除，选取分类得分 l_{cls} 最高的人手目标框。

$$t_{x_t} = \frac{x - x^*}{w^*}, t_{y_t} = \frac{y - y^*}{h^*}, t_{w_t} = \lg \frac{w}{w^*}, t_{h_t} = \lg \frac{h}{h^*} \tag{3-4}$$

$$t_{x_r} = \frac{x_r - x^*}{w^*}, t_{y_r} = \frac{y_r - y^*}{h^*}, t_{w_r} = \lg \frac{w_r}{w^*}, t_{h_r} = \lg \frac{h_r}{h^*} \tag{3-5}$$

3.4　RGB-D 图像中人手外观重构

无约束场景下人手外观通常较为复杂，一般的目标检测网络通常会忽视一些更为复杂的人手外观特征，如复杂并具有高自由度的手形、人手旋转角度、空间遮挡等，而这类特征将有助于提升检测模型的泛化能力。作者通过在第 2 章提及的 RGB 图像人手检测算法中增加一个人手外观重构分支，让网络在检测人手的同时学习更鲁棒的人手外观特征，并且此类特征对检测分支的分类和目标框的修正有一定的正向促进作用，进而提升模型检测人手的精度。

在 RGB-D 人手检测任务中同样采用重构的方式，提升人手检测网络模型学习人手外观特征的能力，进一步提升 RGB-D 图像中人手检测精度。但是，与 RGB 图像不同，RGB-D 图像中分别包含 RGB 彩色图像以及深度图像，因此在重构任务中，需要分别对人手区域的 RGB 彩色图像和深度图像进行重构，重构模块在结构上与第 2 章中提到的重构分支有所不同，具体如图 3-6 所示。

首先将人手检测网络第一阶段中计算得到的 RoI 特征图输入两个不同的 1×1 卷积层分支，并结合与 2.2 节相同的非对称变分自编码器机制，分别生成用于 RGB 图像重构的 RGB 潜在空间向量和用于深度图像重构的 Depth 潜在空间向量，最后将编码的潜在空间向量输入解码层中实现 RGB/深度图像的重构。如图 3-7 所示，解码层由 5 层解卷积层构成，在 RGB 图像重构分支中，最终输出三通道的图像，在深度图像重构分支中则输出单通道图像。

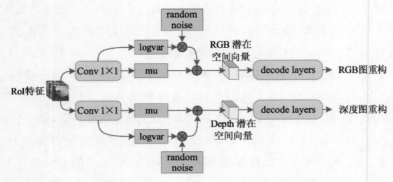

图 3-6 双通道人手外观重构分支一般结构

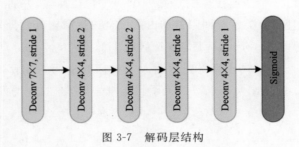

图 3-7 解码层结构

3.5 RGB-D 图像中人手检测模型

为了实现在 RGB-D 图像中高精度地检测出人手的位置坐标,作者在第 2 章的基础上设计了一种 RGB-D 图像中的人手检测算法,该算法的一般流程如图 3-8 所示。首先,采用共享卷积模块对整幅图像进行特征提取计算,生成共享卷积特征图;然后,通过候选区域生成网络,利用共享卷积特征图预测可能存在人手的区域坐标;接下来,将候选区域内的特征聚合为一个 7×7 的张量,称为候选区域特征向量;最后,将候选区域特征向量分别输入两个不同的分支中,用于人手检测任务和人手外观重构任务。此外,为了获取人手在三维空间中的位置坐标,作者采用深度图到三维点云坐标映射的方式,结合算法预测的二维坐标和对应区域的深度图信息,计算得到人手在三维空间中的坐标信息。

本章中提出的 RGB-D 图像中人手检测算法的目标函数定义主要包含 3 个部分,即候选区域生成网络损失 L_{rpn}、回归器损失 L_{reg}、分类器损失 L_{cls}。3 个部分损失按照一定比例(其中 λ_1 和 λ_2 表示比例因数,在本书中两个比例因数均取 1)相加得到最终的模型总损失 $L_{detection}$,即

$$L_{detection} = L_{rpn} + \lambda_1 L_{reg} + \lambda_2 L_{cls} \tag{3-6}$$

在人手检测算法的基础上,为了进一步提升模型的检测精度,本章引入人手外观重构任务,通过最小化重构任务的损失 L_{recons},提升模型学习人手外观的能力,从而提升模型检测人手的精度,因此在增加了重构任务后的整体模型损失 L 为人手检测损失与外观重构损失按照一定比例(γ 表示比例因数,本书中选取为 1)相加,具体为

$$L = L_{detection} + \gamma L_{recons} \tag{3-7}$$

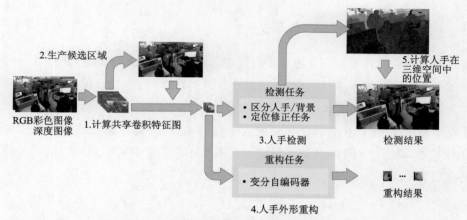

图 3-8　RGB-D 图像人手检测模型的一般流程

接下来从候选区域生成网络损失、回归器/分类器损失以及人手外观重构损失 3 个部分进行整体模型的具体损失函数分析。

候选区域生成网络主要用于生成目标候选区域，对人手区域初步进行定位，并区分背景和人手目标，因此候选区域生成网络主要包含两个损失，即候选区域目标得分损失 L_{obj} 和候选区域回归损失 L_{propreg}。两个部分损失相加得到最终的候选区域生成网络损失 L_{rpn}，即

$$L_{\text{rpn}} = L_{\text{obj}} + L_{\text{propreg}} \tag{3-8}$$

其中，最小化候选区域目标得分损失 L_{obj} 使候选区域生成网络能够准确地区分目标人手或者背景；最小化候选区域回归损失 L_{propreg} 使候选区域能够更精准地定位目标位置。

由于候选区域目标得分损失 L_{obj} 主要处理一个二分类问题，即区分背景和目标，因此作者采用二值交叉熵函数计算候选区域目标得分损失 L_{obj}，即

$$L_{\text{obj}}(\boldsymbol{l}_a, \boldsymbol{l}^*) = -\frac{1}{M_P} \sum \left[\boldsymbol{l}^* \lg(\boldsymbol{l}_a) + (1 - \boldsymbol{l}^*) \lg(1 - \boldsymbol{l}_a) \right] \tag{3-9}$$

式中：$\boldsymbol{l}_a = [l_{a_1}, \cdots]$ 表示 Anchors 的标签向量，若 Anchor 为正例，则 $\boldsymbol{l}_a$ 为 1，反之则为 0；$\boldsymbol{l}^* = [l^*, \cdots]$ 表示候选区域生成网络输出的目标得分向量；M_P 表示生成的候选区域的数目（包括正例候选区域和负例候选区域）。

对于候选区域目标框，作者通过计算真实偏移量 (t_x, t_y, t_w, t_h) 与网络模型预测的偏移量 $(t_x^*, t_y^*, t_w^*, t_h^*)$ 之间的相对距离作为候选区域目标框回归损失，即

$$L_{\text{propreg}} = \frac{1}{N_P} \sum |\boldsymbol{t} - \boldsymbol{t}^*| \tag{3-10}$$

式中：$\boldsymbol{t} = [[t_x, t_y, t_w, t_h]_1, \cdots]$ 表示正例 Anchors 坐标与匹配的 GT 坐标之间的偏移量向量；$\boldsymbol{t}^* = [[t_x^*, t_y^*, t_w^*, t_h^*]_1, \cdots]$ 表示预测的候选区域坐标与 Anchors 坐标之间的偏移量向量；N_P 表示正例候选区域数目。

然而，若采用计算候选区域目标框损失会导致在原点处不可导，因而在训练时影响模型的收敛，因此在式 (3-10) 的基础上对 $(-0.5, 0.5)$ 区间内的候选区域目标框回归损失进行平滑操作，即用 Smooth_{L_1} 函数计算候选区域目标框回归损失。

$$L_{\text{propreg}} = \frac{1}{N_P} \sum \begin{cases} 0.5 \ |t - t^*|^2, & |t - t^*| < 1 \\ |t - t^*| - 0.5, & \text{其他} \end{cases} \tag{3-11}$$

分类器和回归器的任务主要是进一步对候选区域中的人手进行分类,并对候选区域坐标进行精修得到最终的预测人手目标框,通过最小化分类器损失 L_{cls} 提升模型辨别人手的能力,最小化回归器损失 L_{reg} 提升模型定位人手的能力。

由于在本章中主要对 RGB-D 图像中的人手进行检测,因此在最终的分类器任务中仍是一个二分类问题,即进一步评判候选区域中的人手目标。本章中同样采用二值交叉熵函数计算模型的分类器损失 L_{cls},即

$$L_{\text{cls}}(l_t, l_{\text{cls}}) = -\frac{1}{M_C} \sum \left[l_{\text{cls}} \lg(l_t) + (1 - l_{\text{cls}}) \lg(1 - l_t) \right] \tag{3-12}$$

式中:$l_t = [l_{t_1}, \cdots]$ 表示真实的目标标签,由于本章主要区分人手与背景,因此采用 $l_t = [0, 1]$ 表示人手标签;$l_{\text{cls}} = [l_{\text{cls}_1}, \cdots]$ 表示分类器输出的预测标签;M_C 表示正例候选区域的数目。

回归器则主要预测 GT 坐标与候选区域坐标之间的偏差,在网络训练过程中,主要通过计算 $(t_{x_r}, t_{y_r}, t_{w_r}, t_{h_r})$ 与 $(t_{x_t}, t_{y_t}, t_{w_t}, t_{h_t})$ 之间的绝对距离作为回归器损失,同时为加速模型的收敛速度,同样采用 Smooth$_{L_1}$ 函数计算回归器损失,即

$$L_{\text{reg}} = \frac{1}{N_R} \sum \begin{cases} 0.5 \ |t_r - t_t|^2, & |t_r - t_t| < 1 \\ |t_r - t_t| - 0.5, & \text{其他} \end{cases} \tag{3-13}$$

式中:$t_t = [[t_{x_t}, t_{y_t}, t_{w_t}, t_{h_t}]_1, \cdots]$ 表示候选区域坐标与 GT 坐标之间的偏移量向量;$t_r = [[t_{x_r}, t_{y_r}, t_{w_r}, t_{h_r}]_1, \cdots]$ 表示预测人手目标框坐标与候选区域坐标之间的偏移量向量;N_R 表示正例候选区域数目。

与第 2 章中提出的 RGB 图像人手检测/重构模型类似,在 RGB-D 图像人手检测任务中,本章中同样采用 VAE 对人手的外观进行重构,其中包含 RGB 图像重构和深度图像重构两个部分。在模型的重构任务训练过程层则需要最小化 RGB 图像重构损失 L_c 和深度图像重构损失 L_d,保证重构的图像的质量。

$$L_{\text{recons}} = L_c + L_d \tag{3-14}$$

RGB-D 图像中人手外观重构损失主要包含两个部分:①针对像素层面,计算生成图像和真实图像之间像素点的 MSE 距离;②针对编码器输出的潜在空间向量层面,计算输出潜在空间向量分布与高斯分布之间的 KL 散度。

$$L_c(\boldsymbol{P}_c, \boldsymbol{P}_c^*, \boldsymbol{\mu}_c, \boldsymbol{\sigma}_c) = \frac{1}{N_R} \sum \left\{ |\boldsymbol{P}_c - \boldsymbol{P}_c^*|^2 + \text{KL}[N(\boldsymbol{\mu}_c, \boldsymbol{\sigma}_c), N(\boldsymbol{0}, \boldsymbol{1})] \right\} \tag{3-15}$$

$$L_d(\boldsymbol{P}_d, \boldsymbol{P}_d^*, \boldsymbol{\mu}_d, \boldsymbol{\sigma}_d) = \frac{1}{N_R} \sum \left\{ |\boldsymbol{P}_d - \boldsymbol{P}_d^*|^2 + \text{KL}[N(\boldsymbol{\mu}_d, \boldsymbol{\sigma}_d), N(\boldsymbol{0}, \boldsymbol{1})] \right\} \tag{3-16}$$

式中:$\boldsymbol{P}$ 表示重构的人手图像;$\boldsymbol{P}^*$ 表示真实目标区域的人手图像;$\boldsymbol{\mu}$ 表示编码器输出的均值向量;$\boldsymbol{\sigma}$ 表示编码器输出的对数方差向量;c 表示 RGB 彩色图像;d 表示深度图像;N_R 表示重构图像的数目。

3.6　数据采集与实验结果分析

采用英特尔 RealSense D435 深度传感器获取无约束环境中的人手 RGB-D 图像数据,并以 PNG 格式无损保存采集数据。英特尔 RealSense D435 是英特尔公司推出的一款针对机器人导航和物体识别等应用的深度传感器摄像头。它的捕捉范围最近距离至少需要0.105m,最远距离可以达到 10m,在户外阳光下也可以使用,最高录制帧率可达 90 帧/s。深度传感器由两个红外传感器、一个红外发射器以及一个 RGB 图像采集模块组成。相较于微软推出的 Kinect V2 深度传感器,英特尔 RealSense D435 深度传感器体积更小,无须单独使用交流电源供电,一根 USB 3.1 传输线缆可以给摄像头供电并采集数据,更易于携带,并且RealSense 能够获取较大分辨率的深度图像,支持输出 1280×720 分辨率的 RGB 彩色图像以及深度图像。此外,RealSense 采集的深度图像中像素深度值与真实的相机和物体之间的距离比例约为 0.001。

在数据采集过程中,采用英特尔 RealSense 开发包中自带的深度图像对齐 RGB 彩色图像工具,使采集获取的数据集中的深度图像与 RGB 彩色图像在像素层面上对齐。在获取图像数据后,利用 LabelImg 图像标注工具标注出 RGB 彩色图像中肉眼可见的人手,图 3-9 中红色方框内为标注工具标注的人手目标。采集的数据集中包含 434 组 RGB-D 图像,总共标注2153 个人手实例,其中有 434 个关键手势实例。最后,将整个采集的数据集随机划分为训练集和测试集,训练集中总共有 327 张图像、1615 个标注的人手实例,测试集中总共有 107 张图像、538 个标注的人手实例。

图 3-9　UE-ASL 数据集中的 RGB-D 图像样例

1.数据预处理和模型训练及实验平台

(1)数据预处理:针对数据集中样本过少问题,每组实验中采用水平翻转、平移变换等方式进一步扩充数据样本。对于 RGB 三通道,首先将图像的像素值从[0,255]区间归一化到[0,1]区间内。由于采集的数据集中人手距离深度传感器大多在 5m 范围内,对应于深度图像中深度像素值[0,5000]区间范围内,为了避免深度图像中无效的深度值对人手检测任务的影响以及直接将[0,10 000]范围内的像素值进行归一化后人手深度值过小等问题,在对深度图像进行预处理时,首先截断超出范围外的深度像素值,使深度像素值在[0,5000]区间范围内,并将深度像素值也归一化到[0,1]区间内。

(2)模型训练:首先对模型的权重进行初始化,单次迭代过程中输入模型中的图像为1,遍历整个数据集为一个周期,总共训练 30 个周期。在训练迭代过程中,采用 SGD 算法对模型权值参数进行优化,权重衰减为 0.000 5,动量因素为 0.9,初始学习率为 0.001,并且每迭代10 个周期学习率乘 0.1。

(3)实验平台:所有程序均在腾讯云服务器上完成,配备有 Intel Xeon Cascade Lake 8 核CPU、32G 内存以及具有 18G 显存的英伟达 Tesla T4 GPU。实验程序在 Pytorch 深度学习框架下利用 Python 编程实现。

2. 模型评估指标

在 RGB 图像中的目标检测算法通常采用一定 IoU 阈值条件下的平均精度 AP 作为模型评估指标。本章所研究的 RGB-D 图像中的人手检测算法通过检测人手在二维平面上的坐标,结合深度图像中的深度信息,计算得到人手在以深度传感器为原点的三维空间中的坐标。为了评估模型的定位精度,本章中同样采用与 RGB 图像中人手检测算法一致的评估指标对所提出的模型进行评估,具体的评估指标参见 2.4.2 节。

3. 人手定位实验结果与对比分析

为了验证本章中提出的人手检测模型的可靠性,作者设计了以下几组对比实验:①Baseline 1,仅提取深度图像特征,并用于人手检测任务;②Baseline 2,仅提取 RGB 彩色图像特征,并用于人手检测任务;③Baseline 3,采用单一特征提取网络对四通道的 RGB-D 图像进行特征提取,并采用提取的特征用于人手检测任务;④Ours without Recons.,分别采用两个独立的特征提取模块提取 RGB 彩色图像特征和深度图像特征,然后融合 RGB 彩色图像特征和深度图像特征用于人手检测任务;⑤Ours with Recons.,根据第 2 章中提出的 RGB 图像中人手检测/重构算法,在 Ours without Recons. 的基础上增加了人手外观重构任务,分别对RGB 彩色图像和深度图像进行重构。首先,Baseline 1-3 用于分析不同的特征对人手检测任务的精度影响;然后,通过对比 Baseline 3 和 Ours without Recons.,分析不同的特征提取方式对 RGB-D图像中人手检测精度的影响;最后,对比最后两组实验,用于分析重构任务在人手检测任务中的作用。

为了验证不同的特征对人手检测精度的影响,采用了通用目标检测算法中的常规评估标准,即在预测框与真实目标框的 IoU 阈值为 0.5 时模型的平均精度 AP_{50}。绘制 Baseline 1-3共 3 组实验在 IoU 阈值为 0.5 时的 *P-R* 曲线(图 3-10),并计算得到 IoU 阈值为 0.5 时的平均精度 AP_{50},具体精度数值如表 3-1 所示。

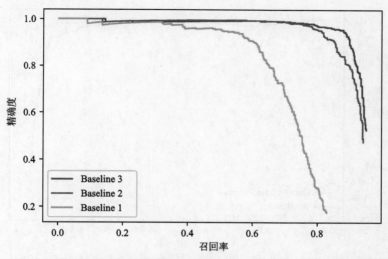

图 3-10   不同图像特征用于人手检测在 IoU 阈值为 0.5 时的 P-R 曲线

表 3-1   3 种不同的图像特征对人手检测精度的影响

人手检测模型	平均精度（AP$_{50}$）/%
仅提取深度图像特征（Baseline 1）	72.6
仅提取 RGB 图像特征（Baseline 2）	91.1
采用 RGB-D 图像特征（Baseline 3）	92.7

分析表 3-1 可知，仅提取深度图像特征信息用于人手检测的精度较低，仅为 72.6%；由于 RGB 图像包含人手外观的色彩信息，采用 RGB 彩色图像特征检测的精度相对于仅用深度图特征的检测精度有大幅度的提升；采用 RGB-D 特征用于检测人手任务，可以提升人手检测的精度，其平均精度相对于 RGB 图像特征用于人手检测任务的平均精度提高了 1.6%。

由第一组对比实验分析可知，直接提取的 RGB-D 图像特征用于人手检测对精度的提升是有限的。由于 RGB-D 图像中 RGB 通道包含的是图像的色彩信息，D 通道则包含的是图像的深度信息，两者所包含的信息有所区别，在 Baseline 3 中，采用单一网络对 RGB-D 图像直接提取特征信息，没有区分 RGB 特征和深度特征。为此作者提出了一种 RGB 特征和深度特征融合的方式对 RGB-D 图像进行特征提取，即 Ours without Recons.，并绘制了 Baseline 3 和 Ours without Recons. 在 IoU 阈值为 0.5 时的 P-R 曲线（图 3-11），对两组实验的 AP$_{50}$ 进行对比分析，具体精度数值如表 3-2 所示。

在 Ours without Recons. 中，作者采用两个独立的特征提取网络分别计算 RGB 图像特征和深度图像特征，然后融合两个特征用于候选区域生成以及候选区域的精修任务。由表 3-2 分析可知，Ours without Recons. 相较于 Baseline 3，其 AP$_{50}$ 提升了 2.7%。

在 Ours without Recons. 的基础上，作者额外引入了人手外观重构任务，进一步提出了在 RGB-D 图像中的人手重构/检测模型 Ours with Recons.。为了更深入地分析重构在人手检测过程中的作用，作者采用多种通用目标检测的评估标准（即 IoU 阈值为 0.5 时的平均精度

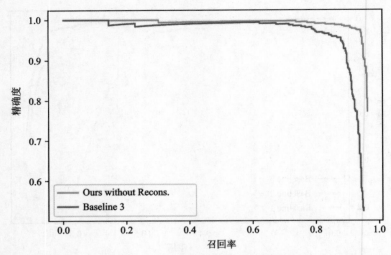

图 3-11　Baseline 3 与 Ours without Recons. 在 IoU 阈值为 0.5 时的 *P-R* 曲线

表 3-2　在 IoU 阈值为 0.5 时采用 RGB-D 特征和融合特征分别用于人手检测的平均精度

人手检测模型	平均精度（AP$_{50}$）/％
采用 RGB-D 图像特征（Baseline 3）	92.7
采用 RGB 与深度融合特征（Ours without Recons.）	95.4

AP$_{50}$，IoU 阈值为 0.75 时的平均精度 AP$_{75}$以及 IoU 阈值在 [0.5,0.75] 范围内的平均值精度 AP$_{50,95}$）评估两者的表现。

Ours without Recons. 和 Ours with Recons. 分别在 IoU 阈值为 0.5 和 0.75 时的 *P-R* 曲线如图 3-12 所示，结合分析表 3-3 可知，在预测框与真实人手目标框之间的 IoU 阈值为 0.5 时，Ours with Recons. 的平均精度相较于 Ours without Recons. 提升了 1.2％，说明重构同样对 RGB-D 图像中人手检测任务有促进作用；并且在预测框与真实人手目标框之间的 IoU 阈值为 0.75 时，Ours with Recons. 提升了 2.6％，说明重构任务能够进一步提升模型的定位能力，使模型预测的目标框更为精确。

此外，在三维空间内人手距离传感器近时尺度较大，反之则变小，在对所有的尺度人手进行测试的基础上，同时引入了 3 种不同尺度范围（Small：(0,32^2]，Medium：(32^2,96^2]，Large：(96^2,+∞)），分别对这 3 种尺度范围内模型的 AP$_{50,95}$进行对比分析（表 3-4）。

分析表 3-4 可知，仅提取深度图像特征（Baseline 1）用于人手检测任务，对较小尺度的人手检测精度相对很低，由于较小尺度的人手距离深度传感器的距离过远，深度传感器采集的深度信息包含的噪声较大，因此影响小尺度的人手检测任务。融合 RGB 图像特征和深度图像特征（Ours without Recons.）对小尺度的人手检测精度虽有所提升，但通过引入重构任务的 Ours with Recons. 对小尺度的人手检测任务却有极大的提升，其精度相较于 Ours without Recons. 提升了 6％。反观大尺度的人手实例，通过引入重构任务，虽然对精度有所提升，但相较于小尺度的人手，提升较小，其精度相较于 Ours without Recons. 提升了仅 1.6％。

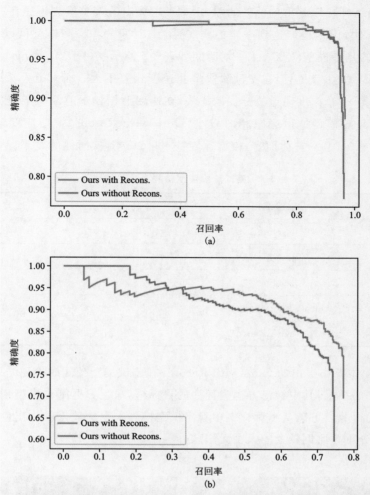

图 3-12　本章中的两种方法分别在 IoU 阈值为 0.5(a)和 0.75(b)时的 *P-R* 曲线

表 3-3　**Ours without Recons. 与 Ours with Recons. 对比分析表**

人手检测模型	$AP_{50,95}$/%	AP_{50}/%	AP_{75}/%
Ours without Recons.	60.7	95.4	69.6
Ours with Recons.	62.2	96.6	72.2

表 3-4　**几种模型在不同尺度下的平均精度**

人手检测模型	Small $AP_{50,95}$/%	Medium $AP_{50,95}$/%	Large $AP_{50,95}$/%
Baseline 1	12.0	33.2	49.4
Baseline 2	16.3	56.3	63.7
Baseline 3	21.9	58.2	61.3
Ours without Recons.	36.0	63.0	70.8
Ours with Recons.	42.0	64.0	72.4

由于双通道特征提取和重构任务的引入,本章中提出的人手检测模型在速度上虽不及常规的目标检测算法,但是也能达到一定的实时性,1s 时间人手检测模型可以处理 4～5 帧图像,本章中设计的几种模型检测人手平均时间如表 3-5 所示。由于 Baseline 1～3 的基本模型结构没有变化,因此这 3 组模型在测试阶段检测速度相差不大。而 Ours without Recons. 模型由于额外引入了一个深度通道特征提取模块,在速度上相较于前面 3 个模型慢了 0.09s 左右,并且重构任务对模型速度影响相对较小,Ours with Recons. 模型速度较 Ours without Recons. 模型仅慢 0.04s。整体而言,模型速度基本可以达到实时性的效果。

表 3-5　测试阶段模型检测人手平均时间

人手检测模型	时间/s
Baseline 1	0.13
Baseline 2	0.13
Baseline 3	0.13
Ours without Recons.	0.22
Ours with Recons.	0.26

图 3-13 给出本章中提出的 Ours with Recons. 在测试集上预测的检测结果,并在 RGB 图像中标注出检测的结果,其中红色方框为标注的目标框,绿色方框则为模型预测的目标框,并给出预测结果的得分。可以从测试样例中看出模型检测人手的效果较为出色,但仍存在一些问题,如对于部分重叠比例较大的人手无法区分等。

图 3-13　Ours with Recons. 人手检测算法在 UE-ASL 上的检测样例

3.7　本章小结

RGB 图像中人手检测任务仅在二维平面图像上获取人手的像素坐标信息,而在实际的人机交互应用过程中,更多的是寻求三维空间中的坐标信息。针对 RGB-D 图像的特征,结合第 2 章中提出的人手检测方案,作者提出了一种在 RGB-D 图像中的人手检测/重构混合模型。

本章的主要贡献是引入了一种双通道的特征提取机制,并结合重构任务提升模型检测人手的精度。由于 RGB-D 图像中包含了两类信息(RGB 色彩信息、深度信息),直接采用单一的特征提取模块对 RGB-D 四通道图像进行特征提取,并未区分 RGB 和深度之间的不同信息。因此,作者采用两个独立的特征提取模块,分别对 RGB 特征和深度特征进行提取,并融合两者特征,得到更鲁棒的图像特征用于人手检测任务,进而提升人手检测的精度。此外,通过引入第 2 章中所提出的重构机制,促进模型学习更多人手外观相关的特征,用于进一步提升模型的精度。

为了验证本章所提出的 RGB-D 图像中人手检测模型的可靠性，作者采用自制的无约束环境中的 RGB-D 人手数据集对提出的算法模型进行训练测试。充分的实验数据表明本章所提出的 RGB-D 图像人手检测模型在检测任务中具有很好的性能，并且通过分别提取 RGB 和深度特征可以在一定程度上提升模型的精度。

第 4 章　深度人手图像的数据增强算法研究

数据增强是一种常见的技术手段,特别是在深层网络结构中,它更有利于训练机器学习的模型,同时还能加速收敛或作为正则,避免出现过度拟合并增强模型的泛化能力。针对人手位姿估计数据量不足的问题,目前数据增强的方法是:①对数据进行空间几何变换,如旋转缩放、裁剪等,该方法的特点是速度快,可以产生大量相似样本;②对数据进行特征空间变换,即根据现有数据生成新的样本,该方法的特点是速度慢,生成样本量少,但是生成数据精度高。作者设计了一种结合两种方法优点的数据增强的方法,来生成大量更具代表性的新样本,从而提高网络的泛化能力,防止模型出现过拟合。

4.1　基于三维空间几何变换的数据增强

由于本章的方法是数据驱动的,因此数据增强的目标是从可用数据中尽可能挖掘有用信息。常见数据增强方法包括缩放、翻转、镜像、旋转等。本节将深度图像进行特定的数据增强,如旋转、缩放和平移等。

1. 旋转

人手可以轻松地围绕前臂旋转。通过深度图像的简单平面内旋转,这种旋转方式是近似的。使用图像的随机平面内旋转,并通过将 3D 人手位姿标注投影到 2D 图像上,或应用相同的平面内旋转,并将 2D 人手标注投影回 3D 人手位姿坐标来相应地改变 3D 人手位姿。旋转角度采用均匀分布采样,间隔为 $[-180,180]$。

图像先绕旋转中心旋转,旋转之后中心点到了另一个位置上,旋转矩阵为

$$\boldsymbol{M} = \begin{bmatrix} \cos\theta & -\sin\theta \\ \sin\theta & \cos\theta \end{bmatrix} \tag{4-1}$$

令人手图像旋转角度为 θ , x_0、y_0 为图片的原始坐标, x、y 为图片旋转后的坐标,则相对旋转中心 x_r, y_r 将点从位置 x_0, y_0 旋转 θ 角度到位置 x, y 的公式表达为

$$\begin{cases} x = x_r + (x_0 - x_r)\cos\theta - (y_0 - y_r)\sin\theta \\ y = y_r + (x_0 - x_r)\sin\theta - (y_0 - y_r)\cos\theta \end{cases} \tag{4-2}$$

2. 缩放

深度摄像头采集的数据集中人手的大小、形状不同。通过改变训练数据中裁剪的大小来

保证训练网络的人手图像大小不变。因此,采用从正态分布采样的随机因子对从深度图像截取部分的 3D 边界进行缩放,其均值为 1,方差为 0.02。这会改变裁剪立方体中手部大小的外观,并根据随机因素缩放 3D 关节位置。

人手图像缩放的 x 方向缩放比例为 S_x , y 方向缩放比例为 S_y , x_0、y_0 为图片的原始坐标,x、y 为图片缩放后的坐标,公式为

$$\begin{bmatrix} x \\ y \\ 1 \end{bmatrix} = \begin{bmatrix} S_x & 0 & 0 \\ 0 & S_y & 0 \\ 0 & 0 & 1 \end{bmatrix} \begin{bmatrix} x_0 \\ y_0 \\ 1 \end{bmatrix} \tag{4-3}$$

3. 平移

由于人手 3D 定位方法并不完全精确,可通过将随机 3D 偏移添加到人手 3D 位置来增加训练集,并将从这些 3D 位置截取的人手图像居中。从正态分布中对随机偏移进行采样,方差为 5mm,根据此偏移修改 3D 人手位姿。

人手图像像素坐标平移的方法为:令 x、y 为图片平移后的坐标,x_0、y_0 为图片的原始坐标,Δx、Δy 是图片平移的大小,则

$$\begin{cases} x = x_0 + \Delta x \\ y = y_0 + \Delta y \end{cases} \tag{4-4}$$

变换矩阵为

$$\begin{bmatrix} x \\ y \\ 1 \end{bmatrix} = \begin{bmatrix} 1 & 0 & \Delta x \\ 0 & 1 & \Delta y \\ 0 & 0 & 1 \end{bmatrix} \begin{bmatrix} x_0 \\ y_0 \\ 1 \end{bmatrix} \tag{4-5}$$

4.2 基于 GAN 网络生成人手图像

GAN 网络需要交替训练两个网络,即生成网络(G)和判别网络(D)(图 4-1)。生成网络输入一个随机噪声 z ,生成一个伪图片,记为 $G(z;\theta_g)$;判别网络对输入的图片 x 判别真伪,记为 $D(x;\theta_d)$ 。在训练过程中,生成网络的目标就是尽量生成真实的图片去欺骗判别网络,而判别网络的目标就是尽量把生成网络的图片和真实的图片区分开。因此生成网络和判别网络构成一个动态的"博弈过程"。生成网络和判别网络不断地交替训练,直到生成网络可以生成足以"以假乱真"的图片 $G(z)$,而判别网络又难以判定生成网络生成的图片的真伪。以上过程首先要极大化 D 的判别能力,然后极小化将 G 的输出判别为伪图片的概率,这样可以得到一个生成式的模型 G ,可以用来生成图片。

GAN 网络通常用来生成高质量的样本,具体的算法流程:在输入数据 x 上生成器学习的概率分布为 p_g ,首先定义输入噪声的先验分布 p_z ,然后得到数据空间的映射关系 $G(z;\theta_g)$,其中 θ_g 表示生成器的训练参数,$G(z)$ 表示生成器函数,接下来定义判别器 $D(x;\theta_d)$,其中 θ_d 表示生成器的训练参数,$D(x)$ 表示 x 来自输入数据的可能性,最后训练判别器 $D(x;\theta_d)$

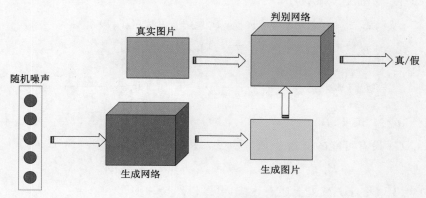

图 4-1　GAN 网络的模型结构

获得最大化训练数据和生成数据的区分能力,然后同时训练 $G(z;\theta_g)$,极小化将 G 的输出判别为伪图片的概率 $\lg(1-D(G(z)))$。该模型的目标函数表达式为

$$\min_G \max_D V(D,G) = E_{x \sim p_{\text{data}}(x)}[\lg D(x)] + E_{z \sim p_z(z)}[\lg(1-D(G(z)))] \tag{4-6}$$

GAN 网络的训练分为两步:

(1) 更新判别器参数 θ_d(梯度上升法)。采集真实数据 $x = x^1, x^2, \cdots, x^m$ 和伪图片的数据 $z = z^1, z^2, \cdots, z^m$。

计算

$$\nabla_{\theta_d} \frac{1}{m} \sum_{i=1}^m \left[\lg D(x^i) + \lg(1-D(G(z^i)))\right] \tag{4-7}$$

(2)更新生成器 θ_g(梯度下降法)。采样伪图片的数据 $z = z^1, z^2, \cdots, z^m$。

计算

$$\nabla_{\theta_g} \frac{1}{m} \sum_{i=1}^m \lg(1-D(G(z^i))) \tag{4-8}$$

GAN 网络的全局最优证明可以转化为证明训练数据的分布概率 p_{data} 与生成器学习到的概率分布 p_g 相等,即 $p_g = p_{\text{data}}$。因此需要先考虑在任意给定的生成器 G 下,考虑最优的判别器 D。在生成器不确定的情况下,最优的判别器 D 可以表示为

$$D_G^*(x) = \frac{p_{\text{data}}(x)}{p_{\text{data}}(x) + p_g(x)} \tag{4-9}$$

在给定任何生成器 G 的前提下,判别器 D 的训练标准是最小化函数 $V(G,D)$,即

$$\begin{aligned} V(G,D) &= \int_x p_{\text{data}}(x)\lg(D(x))\mathrm{d}x + \int_z p_z(z)\lg(1-D(g(z)))\mathrm{d}z \\ &= \int_x p_{\text{data}}(x)\lg(D(x)) + p_g(x)\lg(1-D(x))\mathrm{d}x \end{aligned} \tag{4-10}$$

对于任何 $(a,b) \in \mathbb{R}^2$,函数 $y \to a\lg(y) + b\lg(1-y)$ 在区间$[0,1]$,当 $y = a/(a+b)$ 时取最大值。判别器 D 的训练目标函数等价于条件概率 $P(Y=y|x)$ 的最大似然估计,其中 Y 表示 x 来源 $p_{\text{data}}(y=1)$ 或者是 $p_g(y=0)$。因此上述 GAN 的目标函数转化为

$$C(G) = \max_D V(G,D)$$
$$= E_{x \sim p_{\text{data}}}\left[\lg D_G^*(x)\right] + E_{z \sim p_z}\left[\lg(1 - D_G^*(G(z)))\right]$$
$$= E_{x \sim p_{\text{data}}}\left[\lg D_G^*(x)\right] + E_{x \sim p_g}\left[\lg(1 - D_G^*(x))\right] \qquad (4\text{-}11)$$
$$= E_{x \sim p_{\text{data}}}\left[\lg \frac{p_{\text{data}}(x)}{p_{\text{data}}(x) + p_g(x)}\right] + E_{x \sim p_g}\left[\lg \frac{p_g(x)}{p_{\text{data}}(x) + p_g(x)}\right]$$

如果 $p_g = p_{\text{data}}$，可得 $D_G^*(x) = 1/2$，$C(G) = \lg(1/2) + \lg(1/2) = -\lg 4$，仅仅当 $p_g = p_{\text{data}}$ 时，$C(G)$ 最有可能的值为 $-\lg 4$。

$$E_{x \sim p_{\text{data}}}[-\lg 2] + E_{x \sim p_g}[-\lg 2] = -\lg 4 \qquad (4\text{-}12)$$

从 $C(G) = V(D_G^*, G)$ 减去上述表达式，可以得到

$$C(G) = -\lg(4) + \text{KL}\left(p_{\text{data}} \,\Big\|\, \frac{p_{\text{data}} + p_g}{2}\right) + \text{KL}\left(p_g \,\Big\|\, \frac{p_{\text{data}} + p_g}{2}\right) \qquad (4\text{-}13)$$

其中 KL 是相对熵，当两个概率完全相同时，其相对熵为 0，可以将表达式转化为真实数据分布和生成数据分布的散度形式，即

$$C(G) = -\lg(4) + 2 * \text{JSD}(p_{\text{data}} \,\|\, p_g) \qquad (4\text{-}14)$$

因为两个概率分布之间散度值是非负数和零，当且仅当 $p_g = p_{\text{data}}$，$C(G)$ 的全局最小值为 $C^* = -\lg(4)$，生成模型完美地复制真实数据的概率分布。

GAN 网络提出的背景是为了对加过噪声的图片进行分类，使生成的图片在视觉上有不错的效果。因此近几年 GAN 网络作为生成模型一直是学术圈的研究热点，在人脸生成、医学图像、深度图像等领域都取得了一定的成果。由于 GAN 能够生成比较优质的图片数据，因此采用改进后的 GAN 网络进行深度人手图像的生成，可增加训练样本数量，避免出现人手位姿估计模型的过拟合情况，同时增强模型的泛化能力。

根据 GAN 网络算法的原理，设计一种基于 3D 人手位姿生成深度人手图像的算法，作者将 GAN 网络进行改进应用于人手图像生成算法中。该算法的核心思想是将 3D 人手位姿与深度图建立映射关系，从而以半监督的方式对未标记的图像数据进行学习。

通过深度图像进行 3D 人手位姿估计的现有技术方法都需要大量带标注的训练数据。本节中使用深度生成模型对 3D 人手位姿和相应深度图像的统计关系进行建模。通过网络结构的设计能够以半监督的方式从未标记的图像数据中进行学习。假设 3D 人手位姿和深度图之间存在一对一的映射，生成模型可以将任何给定的点投影到人手位姿和相应的深度图中，然后可以通过给定一些深度图像训练判别器来估计隐含姿态的后验分布，从而完成 3D 人手位姿的回归来验证模型的有效性。

为了改进模型的泛化性并更好地挖掘未标记的深度图信息，作者联合训练了一个生成器和一个判别器。在每次迭代时，利用来自判别器的反向传播梯度更新生成器以合成真实人手关节深度图，而判别器效果受益于合成和未标记样本的数据增强后的训练集。所设计的判别网络结构非常高效，在公开数据集 NYU 测试中效果不错。

图 4-2 中，整个深度人手图像生成模型包含 3 个部分：第一部分是 GAN 网络的生成器将

3D 人手位姿转化为深度人手图像;第二部分是将真实人手图像和生成人手图像交替输入判别器判定真伪;第三部分是通过浅层的卷积神经网络对真实深度人手图像进行 3D 人手位姿回归。图中关节点代表 3D 人手位姿(人手关节点的三维坐标);Conv_T 代表反卷积层,反卷积核大小为 6×6,反卷积核通道数为 32,放大因子为 2;Conv 代表卷积层,卷积核大小为 6×6,卷积核通道数为 32,其步长为 2;FC 代表的是全连接层。为了防止模型的过拟合,通过共享判别器的第一层和第二层卷积网络达到减少模型参数量、加速模型收敛的目的。

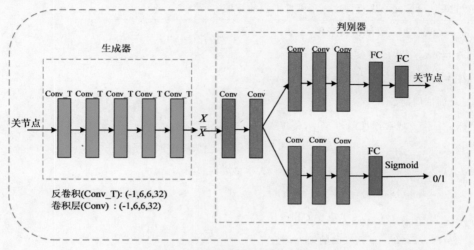

图 4-2　深度人手图像生成模型

生成对抗网络由生成器和判别器组成,生成器(Gen)通过 3D 人手关节点(J)与深度人手图像 x 建立映射关系,其优化参数记为 θ_{Gen}。判别器(Dis)区分真实深度人手图像 x 和生成器合成的深度人手图像 $\bar{x}$,其优化参数记为 θ_{Dis},通过不断的训练,生成器合成的人手图像越来越逼真,同时判别器的判断能力越来越强,形成双方博弈。GAN 网络模型的损失函数 L_{gan} 可以表示为

$$L_{\text{gan}} = \lg(\text{Dis}(x)) + \lg(1 - \text{Dis}(\text{Gen}(J))) \tag{4-15}$$

为了缩短训练时间和获得更为逼真的合成人手图像,用 L_{recons} 表示合成图像和真实图像之间的误差,该误差可以引导模型得到更小的局部最小值和更快的收敛。为保持对深度传感器噪声的健壮性,对损失函数使限幅均方误差,限幅表示为 τ。合成图像和真实图像之间的损失函数可以表示为

$$L_{\text{recons}} = \frac{1}{N} \sum_{i}^{N} \max(\parallel x^{(i)} - \text{Gen}(J^{(i)}) \parallel^2, \tau) \tag{4-16}$$

给定深度人手图像 X,得到 3D 人手位姿估计,为了提高判别器对合成图像的辨别能力,对真实人手位姿估计和预测的人手位姿建立损失函数,即

$$L_{\text{pose}} = \frac{1}{N} \sum_{i}^{N} \parallel \text{Dis}(X^{(i)}) - J^{(i)} \parallel^2 \tag{4-17}$$

在训练过程中,对生成器和判别器联合训练,带标签的样本和不带标签的样本训练判别

器进行参数更新,与此同时生成器通过反向梯度传播更新训练参数。这种联合训练的方式对于判别器而言,保证生成器合成更为真实的人手图像,因此定义联合的损失函数,生成器损失函数 L_{Gen}(优化参数为 θ_G)和判别器的损失函数 L_{Dis}(优化参数 θ_D)

$$L_{\mathrm{Gen}} = L_{\mathrm{recons}} - L_{\mathrm{gan}} \tag{4-18}$$

$$L_{\mathrm{Dis}} = L_{\mathrm{pose}} + L_{\mathrm{gan}} \tag{4-19}$$

算法 1:改进后 GAN 网络进行深度人手图像增强的算法

θ_{Gen} , θ_{Dis} , θ_{pose} 　随机初始化

1　$\theta_G := \theta_{\mathrm{Gen}}$　生成器参数

2　$\theta_D := \theta_{\mathrm{pose}} \bigcup \theta_{\mathrm{Dis}}$　判别器参数

3　for 训练周期数 do:

4　X , $J \leftarrow$　成对深度图和 3D 人手位姿

5　$L_{\mathrm{recons}} = \sum_i^N \max(\| x^{(i)} - \mathrm{Gen}(J^{(i)}) \|^2 , \tau)/N$　生成图像损失函数

6　$L_J = \sum_i^N \| \mathrm{Dis}(X^{(i)}) - J^{(i)} \|^2/N$　人手位姿回归损失函数

7　$L_{\mathrm{gan}} = \| \lg(\mathrm{Dis}(x)) + \lg(1 - \mathrm{Dis}(\mathrm{Gen}(J))) \|^2/N$　GAN 网络损失函数

8　$L_{\mathrm{Gen}} = L_{\mathrm{recons}} - L_{\mathrm{gan}}$　生成器的损失函数

9　$L_{\mathrm{Dis}} = L_J + L_{\mathrm{gan}}$　判别器的损失函数

10　$\theta_D \leftarrow \theta_D - \nabla_{\theta_D}(L_{\mathrm{pose}} - L_{\mathrm{gan}})$　梯度更新判别器参数

11　$\theta_G \leftarrow \theta_G - \nabla_{\theta_G}(L_{\mathrm{recons}} + L_{\mathrm{gan}})$　梯度更新生成器参数

12　End for

4.3　基于风格转换网络引入人手噪声

风格转换是一种艺术风格转换的神经网络算法,可以分离和重新组合图像内容和自然图像的风格。该算法能够产生高质量的新图像,它将任意照片的内容与众多众所周知的艺术风格相结合,从而具备图像合成和操作的能力。将一幅图像的风格转移到另外一幅图像上被认为是一个图像纹理转移问题。在图像纹理转移中,目标是从一幅源图像中合成纹理,同时约束纹理合成,保留目标图像的语义内容。对于纹理合成,存在大量强大的非参数算法,可以用于合成逼真的自然纹理。

算法流程是将风格图像和内容图像经过预训练好的分类网络,提取各自的高维特征,然后计算高维特征的欧氏距离。若提取出的高维特征之间的欧氏距离越小,则这两张图像内容越相似。将风格图像和内容图像经过已训练好的分类网络,提取出各自的低维特征,然后计算特征的 Gram 矩阵,二者特征的 Gram 矩阵弗罗贝尼乌斯范数越小,则这两张图像风格越相似(图 4-3)。

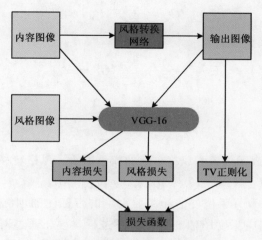

图 4-3　风格转换网络算法模型

网络框架分为风格转换网络和预训练的损失计算网络 VGG 两部分。风格转换网络 T 以内容图像 x 为输入，输出风格迁移后的图像 $\widehat{y}$。损失网络提取图像的特征图，将生成图像 $\widehat{y}$ 分别与目标风格图像 y_s 和目标内容图像 y_c 做损失计算，根据损失值来调整风格转换网络的权值，通过最小化损失值来达到目标效果（图 4-4）。

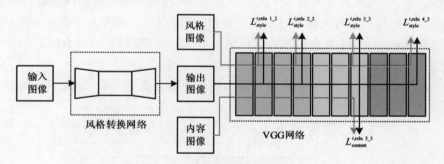

图 4-4　风格转换网络结构

（1）图像内容的提取：p 表示原始内容图像（$p \in \mathbb{R}^{W \times H}$），$x$ 表示生成图像（$x \in \mathbb{R}^{W \times H}$），$F^l$ 表示生成图像在第 l 层的特征表示，P^l 表示原始图像在第 l 层的特征表示，F^l_{ij} 表示 F^l 中第 i 个卷积核位置 j 处的激活值，P^l_{ij} 表示 P^l 中第 i 个卷积核位置 j 处的激活值，则内容损失函数为

$$L_{\text{content}}(p, x, l) = \frac{1}{2} \sum_{i,j} (F^l_{ij} - P^l_{ij})^2 \tag{4-20}$$

（2）图像风格的提取：a 代表初始风格图像，A^l 表示风格图像在第 l 层的风格特征，G^l 表示生成图像在第 l 层的风格特征，A^l_{ij} 表示 A^l 中第 i 个卷积核位置 j 处的激活值，G^l_{ij} 表示 G^l 中第 i 个特征图和第 j 个特征图的内积，F^l_{ik} 表示 F^l 中第 i 个卷积核位置 k 处的激活值，F^l_{jk} 表示 F^l 中第 j 个卷积核位置 k 处的激活值，w_l 为每个卷积层的权重，E_l 表示第 l 层的损失值，M_l 表示为第 l 层的特征图大小，N_l 表示第 l 层卷积核的数量。

$$G_{ij}^l = \sum_k F_{ik}^l F_{jk}^l \tag{4-21}$$

卷积网络中第 l 层损失函数可以表示为

$$E_l = \frac{1}{4N_l^2 M_l^2} \sum_{i,j} (G_{ij}^l - A_{ij}^l)^2 \tag{4-22}$$

风格损失函数

$$L_{\text{style}}(a,x) = \sum_{l=0}^L w_l E_l \tag{4-23}$$

(3)总损失函数 α、β 表示内容和风格重建的权重因子。风格转移的总损失函数为

$$L_{\text{total}}(p,a,x) = \alpha L_{\text{content}}(p,x) + \beta L_{\text{style}}(a,x) \tag{4-24}$$

为了得到高精度的 3D 人手位姿估计需要大量的带标注的训练样本,用 GAN 网络生成模型对 3D 人手位姿和相应深度图像的统计关系进行建模。通过网络结构的重新设计和改进,网络模型能够生成比较光滑的人手图像,但是使用深度传感器进行人手动作拍摄,由于光照变化、灰尘、反射等因素,真实的深度人手图像是带有噪声的。为保证生成更高质量的人手图像,在 GAN 生成模型的基础上,采用风格转换的方式引入人手噪声。

风格转移的基本流程为将 GAN 网络的生成器生成的人手图像作为原始图像,选取一张真实的人手图像作为风格图像,输入卷积神经网络 VGG 分别提取内容特征和风格特征,通过目标函数的计算,生成带有噪声的人手图像。将 GAN 网络与风格转移网络进行结合,在端对端训练过程当中运用反向梯度传播算法更新模型参数,合成真实的人手图像。最后用浅层的卷积神经网络进行 3D 人手位姿估计验证模型的有效性。整体设计的网络结构高效,并在公开数据集 NYU 上进行试验测试。

图 4-5 表示通过风格转换网络将噪声转移到生成器生成的人手图像上。

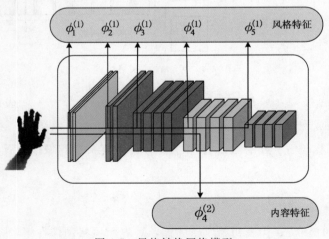

图 4-5　风格转换网络模型

图 4-6 中,整个深度人手图像生成系统包含 3 个部分:第一部分是 GAN 网络的生成器将 3D 人手位姿转化为深度人手图像;第二部分是将真实人手图像和生成人手图像交替输入判别器判定真伪;第三部分是通过浅层的卷积神经网络对真实深度人手图像进行 3D 人手位姿

回归。最后如图 4-5 所示,通过风格转换网络将风格图像中人手噪声转移到生成器生成的人手图像上。

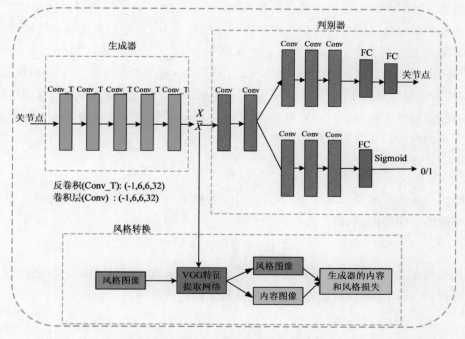

图 4-6　带噪声人手图像合成模型

风格转换网络合成的人手图像,其风格特征和内容特征分别来源风格图像和内容图像,因此对风格特征和内容特征有清晰的定义,通过定义的损失函数可以判断生成人手图像和真实的人手图像之间的差距。作者利用 VGG19 网络将真实的人手噪声转移到 GAN 生成器生成的光滑的人手图像上,并且通过浅层的卷积神经网络进行 3D 人手位姿估计来判定模型的有效性。

假定 GAN 的生成器表示为 G_θ,判别器的函数为 D_r,由上一节 GAN 的算法原理可以得到 GAN 的优化函数,即

$$\min\max L(G_\theta, D_r) = E_{x,y\sim p(x,y)}\big[\lg D_r(x,y)\big] +$$
$$E_{y\sim p(y)}\big[\lg(1 - D_r(G_\theta(y)))\big] + \lambda L_G(G_\theta) \tag{4-25}$$

根据实践经验将参数 λ 设定为 1,为了保证合成的人手图像和真实的人手图像尽可能一致,对函数的最后一项进行了优化,即

$$L_G(G_\theta) = E_{x,y\sim p(x,y)}\big[\parallel x - G_\theta(y)\parallel_F^2\big] \tag{4-26}$$

一方面,生成器 G 需要最小化函数 L_G,即

$$L_G(G_\theta) = -\sum_i \lg D_r(G_\theta(y_i)) + \lambda\parallel x - G_\theta(y)\parallel_F^2 \tag{4-27}$$

另一方面,为了让生成器 D 正确分辨真实的人手图像和合成的人手图像,需要最大化函数 L_D,即

$$L_D(D_r) = \sum_i \lg D_r(x_i, y_i) + \lg(1 - D_r(G_\theta(y_i))) \tag{4-28}$$

由于 GAN 网络模型中的生成器生成的人手图像是光滑的,不具备真实人手图像的噪声,因此作者采用风格转换网络将真实的人手图像噪声转移到光滑的人手图像上,合成更为真实的人手图像。接下来将详细描述风格转换网络,作者采用预训练卷积神经网络模型 VGG19 从不同的卷积层中抽取图像的特征。定义卷积块的索引为 j,卷积块中每个卷积层的索引为 i,x 为原始内容图像,$\hat{x}$ 为生成图像,x_s 为风格图像。

内容损失函数的定义:卷积神经网络模型(VGG19)表示为 Γ_c,由 5 个卷积块(block)组成,卷积块的索引表示为 $\gamma_c \in \Gamma_c$;Λ_c 表示一个卷积块中若干个卷积层;每个卷积层的索引用 λ_c 表示。通过梯度下降算法对内容损失函数 $L_{\text{cont}}(G_\theta)$ 进行最小化,将生成人手图像和真实人手图像之间的内容特征损失值降到最低。

$$L_{\text{cont}}(G_\theta) = \sum_{\gamma_c \in \Gamma_c, \lambda_c \in \Lambda_c} \frac{1}{W_{r_c} H_{\gamma_c}} \parallel \phi_{\gamma_c}^{(\lambda_c)}(x) - \phi_{\gamma_c}^{(\lambda_c)}(\hat{x}) \parallel_F^2 \tag{4-29}$$

风格损失函数的定义:Gram 矩阵 $G_{\gamma_s;ij}^{(\lambda_s)}$ 定义为第 γ_s 个卷积块中第 λ_s 个卷积层中第 i 个和第 j 个特征图之间的内积,即

$$G_{\gamma_s;ij}^{(\lambda_s)} = \sum_k \phi_{\gamma_s;ik}^{(\lambda_s)} \phi_{\gamma_s;jk}^{(\lambda_s)} \tag{4-30}$$

风格损失函数与内容损失函数非常相似,通过梯度下降算法对风格损失函数 $L_{\text{style}}(G_\theta)$ 进行最小化,将生成图像和风格图像之间的风格特征损失值降低。

$$L_{\text{style}}(G_\theta) = \sum_{\gamma_s \in \Gamma_s, \lambda_s \in \Lambda_s} \frac{1}{W_{\gamma_s} H_{\gamma_s}} \parallel G_{\gamma_s}^{(\lambda_s)}(x_s) - G_{\gamma_s}^{(\lambda_s)}(x) \parallel_F^2 \tag{4-31}$$

变化损失函数的定义:为了保证生成图像的空间平滑性,对图像的像素位置信息进行约束,即 $w, h \in W, H$;$\hat{x}_{w,h}$ 表示生成图像上像素的位置信息。损失函数定义为 $L_{\text{tv}}(G_\theta)$,则

$$L_{\text{tv}}(G_\theta) = \sum_{w,h} (\parallel \hat{x}_{w,h+1} - \hat{x}_{w,h} \parallel_2^2 + \parallel \hat{x}_{w+1,h} - \hat{x}_{w,h} \parallel_2^2) \tag{4-32}$$

人手图像的风格转换 3 个损失函数总和为 $L_{\text{ST}}(G_\theta)$,其中 w_{cont}、w_{sty}、w_{tv} 分别表示内容损失函数、风格损失函数和变化损失函数的权重。

$$L_{\text{ST}}(G_\theta) = w_{\text{cont}} l_{\text{cont}}(G_\theta) + w_{\text{sty}} L_{\text{style}}(G_\theta) + w_{\text{tv}} L_{\text{tv}}(G_\theta) \tag{4-33}$$

上述 GAN 的判别器 D_r 的损失函数没有变化,加入风格转换后生成器 G_θ 的损失函数为

$$L_G(G_\theta) = -\sum_i \lg D_r(G_\theta(y_i)) + L_{\text{ST}}(G_\theta)$$

算法 2:结合 GAN 与风格转换网络进行深度人手图像增强的算法

θ_{Gen},θ_{Dis},θ_{pose}　　随机初始化

1　$\theta_G := \theta_{\text{Gen}}$　　生成器的参数

2　$\theta_D := \theta_{\text{pose}} \bigcup \theta_{\text{Dis}}$　　判别器的参数

3　for 训练周期数 do

4　　$X, J \leftarrow$　　成对深度图和 3D 人手关节点

5　　$L_{\text{recons}} = \sum_i^N \max(\parallel x^{(i)} - \text{Gen}(J^{(i)}) \parallel^2, \tau)/N$　　生成图像的损失函数

6　　$L_J = \sum_i^N \parallel \text{Dis}(X^{(i)}) - J^{(i)} \parallel^2 / N$　　人手位姿损失函数

7　　$L_{\text{cont}}(G_\theta) = \sum \parallel \phi_{\gamma_c}^{(\lambda_c)}(x) - \phi_{\gamma_c}^{(\lambda_c)}(\hat{x}) \parallel_F^2 / W_{\gamma_c} H_{\gamma_c}$　　内容损失函数

8　　$L_{\text{style}}(G_\theta) = \sum \parallel G_{\gamma_s}^{(\lambda_s)}(x_s) - G_{\gamma_s}^{(\lambda_s)}(x) \parallel_F^2 / W_{\gamma_s} H_{\gamma_s}$　　风格损失函数

9　　$L_{\text{tv}}(G_\theta) = \sum_{w,h} (\parallel \hat{x}_{w,h+1} - \hat{x}_{w,h} \parallel_2^2 + \parallel \hat{x}_{w+1,h} - \hat{x}_{w,h} \parallel_2^2)$　　变化损失函数

10　$L_{\text{ST}}(G_\theta) = w_{\text{cont}} l_{\text{cont}}(G_\theta) + w_{\text{sty}} L_{\text{style}}(G_\theta) + w_{\text{tv}} L_{\text{tv}}(G_\theta)$　　风格转换损失函数

11　$L_{\text{gan}} = \parallel \lg(\text{Dis}(x)) + \lg(1 - \text{Dis}(\text{Gen}(J))) \parallel^2 / N + L_{\text{ST}}(G_\theta)$　　GAN 损失函数

12　$L_{\text{Gen}} = L_{\text{recons}} - L_{\text{gan}}$　　生成网络损失函数

13　$L_{\text{Dis}} = L_J + L_{\text{gan}}$　　判别网络损失函数

14　$\theta_D \leftarrow \theta_D - \nabla_{\theta_D}(L_{\text{pose}} - L_{\text{gan}})$　　梯度更新判别网络参数

15　$\theta_G \leftarrow \theta_G - \nabla_{\theta_G}(L_{\text{recons}} + L_{\text{gan}})$　　梯度更新生成网络参数

16　End for

4.4　实验过程与结果分析

　　整个模型训练周期为 100，一次训练所选取的样本数(batch size)的大小设置为 64，GAN 网络中的生成器 G 和判别器 D 的训练参数分别为 θ 和 γ，初始值设定为 $[-0.04, 0.04]$ 截断正态分布的零均值和标准偏差为 0.02。生成器的参数 θ 通过 Adam 优化器进行更新，判别器参数 γ 通过 SGD 优化器进行更新。生成器的学习率设置为 0.002，判别器的学习率设置为 0.001。风格转换网络中风格损失和内容损失的卷积块索引集合分别为 $\Gamma_s = \{1, 2, 3, 4, 5\}$，$\Gamma_c = \{4\}$，与此同时风格转换网络中的内容损失 w_{cont}、风格损失 w_{sty} 和变化损失 w_{tv} 的权重分别设定为 1、10 和 100。

　　为分析两种不同的数据增强算法分别在 X、Y、Z 轴人手关节点预测的误差，采用坐标轴上关节点平均误差和满足阈值条件帧数百分比两个评价标准。

　　数据增强方法主要有三维空间几何变换方法(Geometric)和特征空间变换，其中特征空间变换的数据增强包括 GAN 网络生成人手图像(GAN)和 GAN 网络结合风格转换网络(GAN＋Style Transfer)两种数据增强方法。为了验证 Geometric、GAN、GAN＋Style Transfer 3 种数据增强的方法能否提高三维人手位姿估计的精度，本节在公开的数据集 NYU 上评估 3 种算法的有效性。

　　在 NYU 数据集中，本节将数据增强的 3 种方法(Geometric、GAN、GAN＋Style Transfer)在相同网络结构下进行三维人手坐标位姿回归，对这 3 种方法的人手位姿估计精度进行比

较。在图 4-7 中基准(Baseline)为第 2 章中以人手中心点作为先验信息的方法得到人手位姿估计,Baseline 方法在 NYU 测试数据集的三维人手位姿估计的平均误差为 13.678mm,运用三维空间几何变换进行数据增强方法(Geometric)的平均误差为 10.357mm,运用 GAN 网络进行数据增强方法(GAN)的平均误差为 11.279mm,运用生成对抗网络结合风格转换网络方法(GAN+Style Transfer)的平均误差为 9.195mm。图 4-7 中的 3 种方法得到的三维人手关节点坐标,都比 Baseline 精度高,原因是通过训练数据量的增加,避免了模型产生过拟合的情况,并增强了模型的泛化性,更好的学习数据的具体分布,从而得到更精确的人手位姿估计。

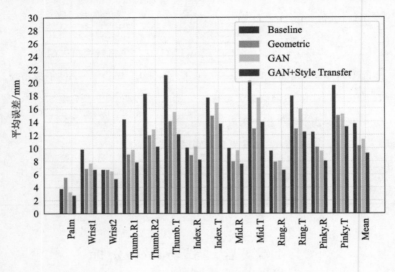

图 4-7 各个关节点的平均误差

图 4-8 中展示在相同阈值下(预测的人手位姿和真实标准的人手位姿的关节点最大误差),当阈值低于 10mm 时,三维空间几何变换数据增强方法(Geometric)和生成对抗网络结合风格转换网络(GAN+Style Transfer)预测的人手关节点坐标有满足阈值条件的帧数,而生成对抗网络(GAN)和基准方法(Baseline)没有满足阈值条件的帧数。当阈值低于 50mm 时,满足条件帧数最高达到 70%,基准方法(Baseline)满足阈值条件的帧数只有 40%。通过不同的数据增强方法,不同程度地提高三维人手位姿的精度。从图上可以分析出曲线与横轴构成的封闭区域面积越大,采用的方法进行三维人手位姿估计的精度就越高。

图 4-9 展示生成对抗网络结合风格转换网络(GAN+Style Transfer)进行人手位姿回归,在 X、Y、Z 轴与真实标注的人手位姿(GT)误差。

表 4-1 中 GAN+Style Transfer 在 X 轴、Y 轴、Z 轴与真实的三维人手坐标的误差分别为 8.493mm、8.573mm、10.520mm。GAN 在 X 轴、Y 轴、Z 轴与真实的三维人手坐标的误差分别为 10.478mm、11.023mm、12.336mm。Geometric 在 X 轴、Y 轴、Z 轴与真实的三维人手坐标的误差分别为 10.293mm、10.680mm、10.099mm。对于网络的处理速度而言,GAN+Style Transfer 方法的帧率(FPS)为 200,GAN 方法的帧率(FPS)为 275,Geometric 方法的帧率(FPS)为 354。

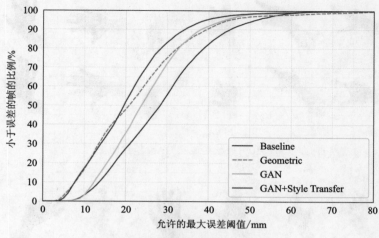

图 4-8 不同阈值帧数百分比

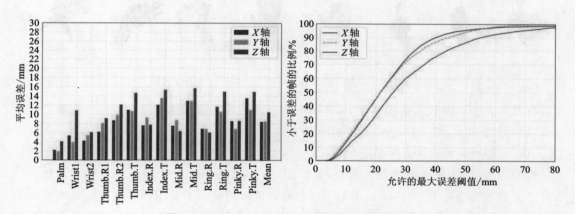

图 4-9 GAN＋Style Transfer 在 X、Y、Z 轴误差

表 4-1 3 种不同数据增强方法的对比

方法/坐标轴	X 轴上误差/mm	Y 轴上误差/mm	Z 轴上误差/mm	平均误差/mm	帧率
Baseline	14.514	11.355	15.165	13.678	412
Geometric	10.293	10.680	10.099	10.357	354
GAN	10.478	11.023	12.336	11.279	275
GAN＋Style Transfer	8.493	8.573	10.520	9.195	200

表 4-1 中对比 Geometric、GAN 和 GAN＋Style Transfer 3 种数据增强后得到的人手各个关节的误差，GAN＋Style Transfer 得到的人手位姿估计的精度高于其他两种数据增强方法。生成人手图像如图 4-10 和 4-11 所示，第一行为原始深度人手图像，第二行为生成人手图像。

具体原因是通过生成对抗网络（GAN）将人手位姿特征生成深度人手图像，如图 4-10 所示，生成的人手图像相对光滑，不具有真实人手噪声，结合风格转换网络（Style Transfer）后，

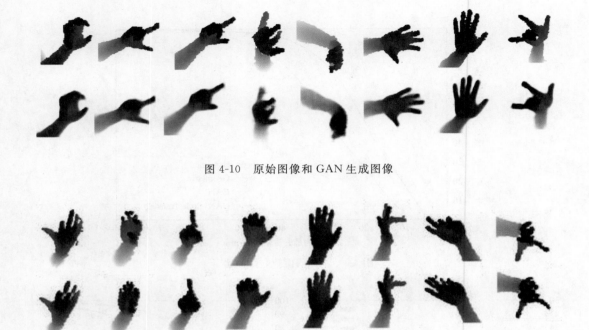

图 4-10　原始图像和 GAN 生成图像

图 4-11　原始图像和生成图像(GAN＋Style Transfer)对比分析

可以将真实人手噪声引入生成图像中,得到更为逼真的人手图像如图 4-11 所示,从而扩大了高质量的训练样本,而 Geometric 数据增强方法会存在偏移误差。因此采用 GAN＋Style Transfer 能得到更精确的人手位姿估计。

实验表明,从 3 种不同方法投影的效果上分析,采用 GAN＋Style Transfer 相比其他两种方式的数据增强方法,三维人手关节点的回归更加精确。主要原因是通过生成大量逼真的深度人手图像,让模型学习到接近训练数据的数据分布,从而提升三维人手关节点坐标预测精度。

4.5　本章小结

本章首先对深度人手图像进行空间几何变换,包括对深度人手图像的旋转、平移和缩放。在此基础上通过生成模型根据人手位姿进行深度人手图像的生成,从而完成人手特征空间的数据增强。在人手特征空间的数据增强中,设计了两种模型进行数据增强:一种是通过生成对抗网络将人手位姿特征生成深度人手图像,生成的人手图像相对光滑,不具有真实人手噪声;另一种是通过结合生成对抗网络和风格转换网络,将真实人手噪声引入生成图像中,得到更为真实的人手图像。最后两种模型通过相同的浅层的卷积神经网络回归出三维人手位姿。实验结果表明,本章中所设计的两种算法模型,都提升了三维人手位姿的精确性,生成对抗网络与风格网络结合的方法人手位姿的精度最高。

第 5 章 深度人手图像三维位姿估计

利用深度人手图像数据增强后获得的人手图像对模型进行训练,进行精确的三维人手位姿估计。判别方法直接从标记的训练数据进行模型学习。该模型可以直接预测 3D 手关节坐标。模型预测最常用的方法是随机森林和卷积神经网络(CNN)。判别方法不需要任何复杂的手模型,并且完全是数据驱动的。因此人手特征对于人手位姿估计的精度至关重要。近年来相关研究工作主要集中在使用误差反馈和空间注意力机制设计上,为了将先验知识纳入 CNN 网络,本章研究重点是通过 CNN 提取的更优化和更具有代表性的特征实现高精度的人手位姿估计;通过结合深度残差卷积网络强大的特征提取能力和区域集成网络特征融合的优势,设计了人手姿态引导的区域集成网络进行人手位姿估计,并给出了实验测试结果与对比分析。

5.1 深度残差卷积网络结构

本节对比现有人手估计的方法,采用深度卷积残差网络进行人手位姿三维坐标回归,首先介绍了深度残差卷积网络的基本构成以及各个网络层工作原理,然后介绍了深度残差卷积神经网络结构设计,最后对深度残差网络进行特定的参数初始化保证模型的有效性。

1. 深度残差卷积网络的构成

经典的卷积神经网络 AlexNet、VGG-16、GoogLeNet、ResNet、ReNet 等包含许多的操作层,主要有卷积层、最大池化层、激活层、全连接层、Dropout 层等,以及在深度卷积神经网络中为防止梯度消失的情况采用的残差结构。

卷积层(Conv):卷积层对输入的人手图像进行卷积操作,通过参数共享和稀疏连接提取人手特征。卷积核用函数 f_k 表示,卷积核的大小用 $n \times m$ 表示,因此每个卷积核与人手图像 x 的连接数量为 $n \times m$,其中人手图像的大小为 (μ, ν)。卷积层输出的计算结果为

$$C(x_{\mu,\nu}) = \sum_{i=-\frac{n}{2}}^{\frac{n}{2}} \sum_{j=-\frac{m}{2}}^{\frac{m}{2}} f_k(i,j)\, x_{\mu-i,\nu-j} \tag{5-1}$$

为了提取输入的人手图像更丰富和更多样的特征,在输入人手图像上采用多个卷积核 f_k,其中 $k \in N$,多个卷积核 f_k 共享相邻神经元的权重来实现特征提取。这种方式与标准的多层感知器相比,必须训练的参数量更小,整个模型的收敛速度更快。

最大池化层（max pooling）：池化层接在卷积层后面，通过池化来降低卷积层输出的特征向量，同时改善结果（不易出现过拟合）。最大池化层通过在输入 x_i 上应用最大池化函数来减小输入的大小。设 m 为滤波器的大小，然后输出计算为

$$M(x_i) = \max \left\{ x_{i+k,i+l} \mid k \mid \leqslant \frac{m}{2}, \mid l \mid \leqslant \frac{m}{2}, k,l \in N \right\} \tag{5-2}$$

非线性激活层：非线性单元（ReLU）是神经网络的一个单元，它使用以下激活函数对给定输入 x 计算，即

$$R(x) = \max(0,x) \tag{5-3}$$

若使用非线性激活函数，神经网络的每层都进行非线性变换，多层输入叠加后也是非线性—线性变换。因为非线性模型的表达能力不够，激励函数可以引入非线性因素，增加神经网络的特征表达能力。同时 ReLU 相比 Sigmoid 激活函数更能防止出现梯度消失的问题。

全连接层（FC）：全连接层也称为多层感知器，它将前一层的所有神经元连接到全连接层中每个神经元上。假设输入为 x，大小为 k，全连接层中的神经元个数为 l。全连接层的权重矩阵为 $\boldsymbol{W}_{l \times k}$，则

$$F(x) = \sigma(\boldsymbol{W} \times x) \tag{5-4}$$

残差结构（Res）：如果深层网络的所有层是恒等映射，那么模型就退化为一个浅层网络。现在需要解决的是如何学习恒等映射函数。如果直接通过网络层去拟合一个潜在的恒等映射函数 $H(x) = x$，这种方法会比较困难，这也是深层网络难以训练的原因。但是如果把网络设计为 $H(x) = F(x) + x$，该问题可以转换为学习一个残差函数 $F(x) = H(x) - x$。当 $F(x) = 0$ 时，就构成了一个恒等映射 $H(x) = x$。这样深度网络拟合残差更加容易。

深度学习对于网络深度遇到的主要问题是梯度消失和梯度爆炸，传统的解决方案是数据的初始化和正则化，这样虽然解决了梯度的问题，加深了深度，却带来了另外的问题，即网络性能的退化。残差结构（图 5-1）被设计用来解决退化问题，它同时也解决了梯度问题，并提升了网络的性能。

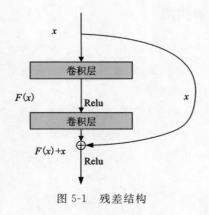

图 5-1　残差结构

2.深度残差卷积网络的结构设计

在第 4 章中经过空间几何变换和特征变换后生成大量的深度人手图像，因此为了得到更

精确的三维人手位姿,本节中采用结构更深的卷积神经网络,同时为解决深度卷积神经网络
在参数训练中梯度消失问题,需要设计类似于 ResNet 的深度残差网络结构来进行三维人手
位姿估计。本节中采用监督学习的方式对卷积神经网络中的参数进行训练。卷积神经网络
在训练过程中通过目标损失函数进行梯度的方向传播来完成网络参数的更新,直到模型达到
收敛状态。

　　针对深度人手图像进行三维人手位姿估计,本节中采用深度残差网络从深度人手图像回
归出三维人手位姿,并对 ResNet 进行适当的改进。ResNet 网络结构是由何凯明博士在 2015 年
提出,主要目的是提高海量图像中分类准确率。由于 ResNet 强大的特征提取能力,作者考虑
将用于图片分类的 ResNet-50 改进为针对深度人手图像对人手位姿进行回归的深度网络。
首先移除 ResNet-50 的全局平均池化层,添加两层全连接层进行人手位姿回归。输入网络的
深度图像大小设置为 128×128,并且像素值进行归一化到区间 $[-1,1]$。改进后的网络结构
中,卷积层中卷积核的个数为 32,最大池化层的大小为 2×2,残差块中卷积核个数分别为 64、
128、256、256。用于人手位姿估计的深度残差网络 ResNet-Hand 结构如表 5-1 所示。其中每
个残差块的具体结构如图 5-2 所示。

表 5-1　ResNet-50 和 ResNet-Hand 结构差异

结构	输出尺寸	ResNet-50	ResNet-Hand
卷积层 1	128×128	5×5 ,32,步长 2	
		最大池化层 2×2 ,步长 2	
残差块 1	64×64	$\begin{bmatrix} 1 \times 1 & 64 \\ 3 \times 3 & 64 \\ 1 \times 1 & 256 \end{bmatrix} \times 3$	$\begin{bmatrix} 1 \times 1 & 64 \\ 3 \times 3 & 64 \\ 1 \times 1 & 256 \end{bmatrix} \times 3$
残差块 2	32×32	$\begin{bmatrix} 1 \times 1 & 128 \\ 3 \times 3 & 128 \\ 1 \times 1 & 512 \end{bmatrix} \times 4$	$\begin{bmatrix} 1 \times 1 & 128 \\ 3 \times 3 & 128 \\ 1 \times 1 & 512 \end{bmatrix} \times 4$
残差块 3	16×16	$\begin{bmatrix} 1 \times 1 & 256 \\ 3 \times 3 & 256 \\ 1 \times 1 & 1024 \end{bmatrix} \times 6$	$\begin{bmatrix} 1 \times 1 & 256 \\ 3 \times 3 & 256 \\ 1 \times 1 & 1024 \end{bmatrix} \times 6$
残差块 4	8×8	$\begin{bmatrix} 1 \times 1 & 512 \\ 3 \times 3 & 512 \\ 1 \times 1 & 2048 \end{bmatrix} \times 3$	$\begin{bmatrix} 1 \times 1 & 512 \\ 3 \times 3 & 512 \\ 1 \times 1 & 2048 \end{bmatrix} \times 3$
平均池化层		有	无
全连接层 1	1024	无	有
全连接层 2	1024	无	有

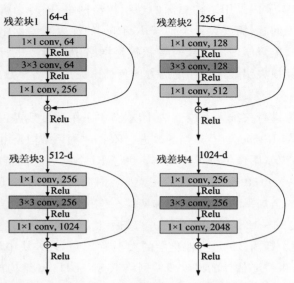

图 5-2　ResNet-Hand 网络中 4 个残差结构块

作者将 ResNet-50 改进为 ResNet-Hand,然后在深度人手图像中进行三维人手位姿估计,具体的深度残差网络结构如图 5-3 所示。C1 代表卷积层,其中卷积核的大小为 5×5,卷积核的个数为 32;P1 代表最大池化层,其中池化层大小为 2×2;R 代表残差结构,其中 R1、R2、R3、R4 残差结构中卷积核的大小为 3×3,卷积核个数分别为 64、128、256、256;FC 代表全连接层,其中 FC1、FC2、FC3、FC4 等 4 个全连接层中神经元的个数分别为 1024、1024、30、3 * J(J 表示人手关节点数量);D 代表 Dropout 层,其中 D1、D2 两个 Dropout 层神经元的失活率都为 0.3,这样可以防止模型过拟合,增强模型的泛化能力,得到精确的三维人手位姿估计。

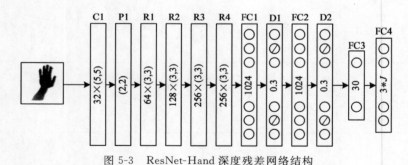

图 5-3　ResNet-Hand 深度残差网络结构

3. 深度残差卷积网络参数初始化

在深度学习中,神经网络的权重初始化方法对模型的收敛速度和性能有着至关重要的影响。深度神经网络能够对深度人手进行精确三维人手位姿回归,其本质是通过目标函数网络中大量参数的迭代更新,最终达到较好的性能。在深度神经网络中,随着层数的增多,在梯度下降的过程中,极易出现梯度消失或者梯度爆炸。因此,对参数权重的初始化有利于提高模型性能和收敛速度。

在深度残差网络中，为了使网络能够得到精确人手位姿估计，需要对网络中参数的初始值进行设置。如果深度学习模型的权重初始化太小，那么信号将在每层间传递时逐渐缩小难以产生作用；但是如果权重的初始化太大，那么信号将在每层间传递时逐渐放大并导致发散和失效。采用 Xavier 进行参数初始化，Xavier 初始化的基本思想是保持输入和输出的方差一致，这样就避免了所有输出值都趋向于 0。Xavier 初始化让权重的分布均值为 0，方差为 $2/(n_{in}+n_{out})$，其中 n_{in} 为输入节点的数量，n_{out} 为输出节点的数量。数学推导公式如下。

假设 n 个成分构成的输入向量 $\boldsymbol{x}$ ，经过一个随机矩阵为 $\boldsymbol{w}$ 的线性神经元，得到输出

$$\boldsymbol{y} = \boldsymbol{wx} = w_1x_1 + w_2x_2 + \cdots + w_nx_n \tag{5-5}$$

已知 x_i 是独立同分布的，且均值方差已知，此时求输出 y 的方差。由独立变量积的方差计算公式可知

$$\mathrm{Var}(w_ix_i) = \left[E(x_i)\right]^2 \mathrm{Var}(w_i) + \left[E(w_i)\right]^2 \mathrm{Var}(x_i) + \mathrm{Var}(x_i)\mathrm{Var}(w_i) \tag{5-6}$$

又已对输入向量去均值，输入和权值矩阵均值均为 0，则

$$\mathrm{Var}(w_ix_i) = \mathrm{Var}(x_i)\mathrm{Var}(w_i) \tag{5-7}$$

进一步可以得出

$$\mathrm{Var}(\boldsymbol{y}) = \mathrm{Var}\left(\sum_i w_ix_i\right) = \sum_i \mathrm{Var}(w_ix_i)$$
$$= \sum_i \mathrm{Var}(x_i)\mathrm{Var}(w_i) \tag{5-8}$$
$$= n\mathrm{Var}(x_i)\mathrm{Var}(w_i)$$

因此为使得输出 $\boldsymbol{y}$ 与输入 $\boldsymbol{x}$ 具有相同的均值和方差，需满足

$$n_{in}\mathrm{Var}(w_i) = 1 \tag{5-9}$$
$$n_{out}\mathrm{Var}(w_i) = 1 \tag{5-10}$$

则我们可以得到

$$\mathrm{Var}(W_i) = \frac{2}{n_{in} + n_{out}} \tag{5-11}$$

为了获得精确的回归结果，FC3 全连接层的参数初始化，采用 PCA 对训练深度人手图像对应真实的人手位姿进行降维，然后将降维的结果作为 FC3 初始值。

5.2   区域集成网络的三维位姿估计

作者设计了一种树状结构的区域集成网络，具体方法是首先将网络提取的人手特征图均匀分成若干个特征区域，然后融合每个特征区域的回归结果，最后回归人手位姿的三维坐标。整个模型是端对端训练，并在 3 个公共数据集（NYU、MSRA、ICVL）中测试实验结果，并对其进行分析。

1. 区域集成网络的结构设计

本节设计的 ConvNet 架构，可以直接从单张深度图像回归出三维人手关节坐标，并进行

模型端到端训练和优化,通过在多个特征区域上训练单个全连接(FC)层并将它们组合为集合来进行人手位姿坐标回归。

多分支集成方法:将不同分支卷积网络进行多分支融合得到相应的结果。现阶段主要有两种方法:一种方法的策略是将不同尺度输入分支或不同的图像特征进行融合;另一种方法是采用具有共享卷积特征提取器的多输出分支,或者使用不同的样本进行训练,或者学习预测不同的类别。与多输入相比,多输出方法花费的时间更少,因为 FC 层的推断时间比卷积层的更短。本节所使用的方法也属于这种类别。

采用深度残差卷积网络进行人手特征提取,将提取的特征图划分为多个网格区域,每个区域被馈送到全连接层然后融合进行人手位姿回归。如图 5-4 所示,卷积网络模型用于特征提取的网络架构由 7 个 3×3 卷积层组成,网络输入为 128×128 深度人手图像,每个卷积层后采用 ReLU 激活层进行非线性特征变换,残差结构连接在两个池化层之间,人手特征提取网络输出特征映射的维数为 16×16×64。对于回归任务而言,本节使用两个 2048 维的全连接层,用于人手位姿回归的每个全连接层的神经元的失活率为 0.5,防止模型出现过拟合情况,最后的回归结果为 3×J 向量,表示人手关节点的世界坐标,其中 J 表示人手关节的数量。

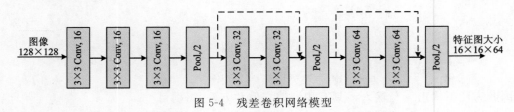

图 5-4 残差卷积网络模型

图 5-4 为本节设计的深度残差网络模型。Conv 代表卷积层,卷积核的大小为 3×3,卷积核的个数分别为 16、32、64。Pool 代表最大池化层,池化层大小为 2×2。

2. 区域集成网络的特征提取与融合

利用原始图像不同的裁剪区域进行网络训练,并且以不同尺度多种输入方式进行结果预测,虽然能够有效减少图像分类的方差,但是大量增加了网络训练的参数,导致训练模型的时间增加。因为卷积网络特征图的每个激活层由图像域中的感受野提供,所以可以将多视图的输入投影到特征区域上。因此多视图投票相当于每个区域分别回归预测整个人手位姿并组合各自的结果。

在此基础上,作者定义了一个如图 5-5 所示的树形结构网络,该网络由深度残差网络结构(ConvNet)和几个分支结构组成。本节将 ConvNet 的特征图划分成 n×n 个网格。对于每个网络区域,首先将特征区域输入到各自区域的全连接层 FC,然后采用集成学习方法(Bagging)融合每个特征区域输入全连接的结果,最后平均不同分支的所有输出结果。为了获得更为精确的人手位姿结果,将所有特征区域的全连接特征串联起来,并通过另外的回归层推断三维人手位姿。通过最小化目标函数,可以对整个网络进行端对端训练。本节设置 n = 2 来平衡性能和效率。

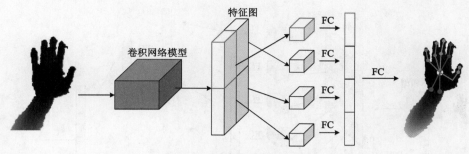

图 5-5　区域集成网络的结构

本节中设计的方法与多视图投票方法之间存在 3 个主要差异：①现阶段所有的多视图方法都是为图像分类而设计的，而特征区域集成方式可以应用于分类和回归。②本节中设计的方法采用特征区域集合的端对端训练，让深度残差网络结构（ConvNet）调整每个视图对网络训练的影响。③本节中用全连接层替换平均池化层，学习融合人手特征，增加网络的学习能力。

5.3　姿态引导的区域集成网络的三维位姿估计

本节中 Pose-Guide 也采用级联框架。与上述现有方法不同，作者在先前预测的手势的指导下设计了一种新颖的特征提取方法，以获得 CNN 的最优和代表性特征。更重要的是，Pose-Guide 使用结构化区域集合策略明确地模拟不同手关节之间的约束和关系，这是一种提高手姿态估计的稳定性和精度的新方法。

1. 姿态引导结构化区域集成网络

本节中设计的姿态引导结构化区域集成网络（Pose-Guide）如图 5-6 所示。首先用浅层 CNN(Init-CNN)预测 $pose_0$ 作为级联框架的初始化。从由 CNN 在 $pose_{t-1}$ 的指导下生成的特征映射中提取特征区域，并使用树状结构进行分层融合。$pose_t$ 是本节设计的集成网络获得的较为准确的人手位姿估计，将用作下一阶段的 $pose_{t-1}$ 的更新。

将深度人手图像输入 CNN 生成特征图。首先在输入的人手位姿 $pose_{t-1}$ 指导下，从特征图中提取相应的特征区域，然后使用结构化连接分层，集成来自不同关节的特征回归人手位姿 $pose_t$，最后整个网络端对端不断训练，模型达到收敛状态。该方法的重点是关节点周围的特征，而边缘区域的特征对人手位姿估计的影响不大。

本节方法的目的是在级联的网络中从单张深度图像估计三维人手位姿。假设深度图像用 D 表示，三维人手位姿表示为 $P = \{p_i = (p_{xi}, p_{yi}, p_{zi})\}_{i=1}^{J}$，其中 J 为人手关节点。在阶段 $t-1$ 时，上一步的人手位姿估计的结果为 P^{t-1}，整个回归模型 R 在阶段 t 的人手位姿估计可以表示为

$$P^t = R(P^{t-1}, D) \tag{5-12}$$

在 T 个阶段后，可以得到输入深度图像 D 最后的人手位姿估计 P^T

$$P^T = R(P^{T-1}, D) \tag{5-13}$$

· 55 ·

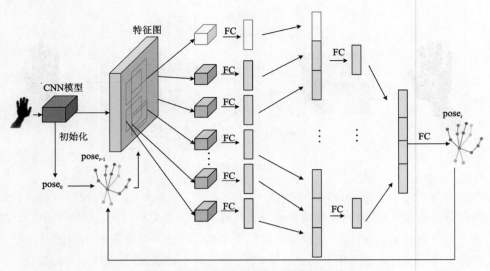

图 5-6　姿态引导结构化区域集成网络

2. 姿态引导区域提取

本节首先使用具有残差结构连接的卷积神经网络(CNN)来提取深度人手图像的特征图，该网络结构具有 6 个卷积层和 2 个残差连接，每个卷积核的大小为 3×3，卷积核个数分别为 16、32、64。池化层的大小为 2×2，步长为 2。每个卷积层后面连接一个非线性激活函数 ReLU，每两个卷积层后面连接一个最大池化层。残差连接位于两个最大池化层之间，防止出现深度网络梯度消失问题。

将最后一层卷积层提取的特征图表示为 F，而将从 $t-1$ 阶段得到的人手位姿估计表示为 $P^{t-1} = \{(p_{xi}^{t-1}, p_{yi}^{t-1}, p_{zi}^{t-1})\}_{i=1}^{J}$。使用 P^{t-1} 作为指导，从 F 中提取特征区域，对于第 i^{th} 个人手关节点，使用深度相机的内部参数，将世界坐标系转化为像素坐标系，即

$$(p_{ui}^{t-1}, p_{vi}^{t-1}, p_{di}^{t-1}) = \mathrm{proj}(p_{xi}^{t-1}, p_{yi}^{t-1}, p_{zi}^{t-1}) \tag{5-14}$$

关于第 i^{th} 个关节点的特征区域，采用矩形窗口进行切割，矩形区域用元组定义为 $(b_{ui}^{t}, b_{vi}^{t}, w, h)$，其中 b_{ui}^{t} 和 b_{vi}^{t} 为特征区域左上角的坐标，w、h 分别表示切割的特征区域的宽度和高度。提取人手关节点 i 的特征区域是通过矩形窗口切割特征图 F，即

$$F_i^t = \mathrm{crop}(F; b_{ui}^t, b_{vi}^t, w, h) \tag{5-15}$$

函数 $\mathrm{crop}(F; b_{ui}^t, b_{vi}^t, w, h)$ 表达的含义是从深度人手图像提取的特征图 F 中，用矩形窗口 (b_u, b_v, w, h) 裁剪出对应人手关节的特征区域。

3. 姿态引导结构区域集合

图 5-6 描述了如何使用先前人手位姿估计指导从每个关节的特征图中提取相应特征区域。融合这些特征区域的一种直观方法是分别将每个区域通过全连接层(FC)连接，然后将这些全连接层融合成一个全连接层，最后回归出人手位姿。

人手是一个高度复杂的关节对象。因此，不同关节之间存在许多约束和相关性。将特征

区域与 FC 层独立地连接并在最后一层中进行融合,并不能完全学习到这些约束关系。受到 Bouchacourt 等(2012)关于分层的递归神经网络的启发,作者采用分层结构的区域集合策略来更好地模拟手关节的约束,首先将同一手指关节点提取特征区域进行融合,然后再将不同手指的特征区域融合,最后回归出深度人手图像的人手位姿如图 5-7 所示。

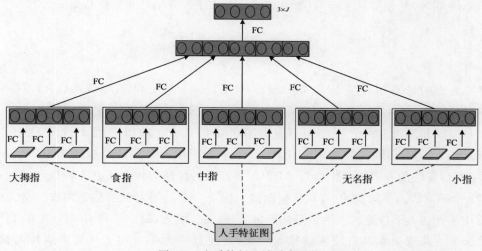

图 5-7　人手特征区域融合网络

将人手五根手指关节的特征区域 $\{F_j^t\}_{j=1}^M$ 各自输入全连接层 FC 中,其中 M 表示从残差网络提取的人手特征图中切割出的人手关节的区域的数量。

$$h_j^{l_1} = \text{FC}(F_j^t), j = 1, \cdots, M \tag{5-16}$$

接着,根据人手的拓扑结构,$\left\{h_j^{l_1}\right\}_{j=1}^M$ 分层地整合在一起,将所有属于同一手指的关节点串联在一起,用 concate 表示连接的函数,然后将所有的串联后的神经元通过全连接层 FC 连接在一起。

$$\bar{h}_i^{l_1} = \text{concate}\left(\left\{h_j^{l_1}\right\}\right), i = 1, \cdots, 5, j \in M_i \tag{5-17}$$

$$h_i^{l_2} = \text{FC}(\bar{h}_i^{l_1}), i = 1, \cdots, 5 \tag{5-18}$$

其中,M_i 表示属于第 i 根手指的关节点的索引的集合。

然后,将不同手指的特征 $\left\{h_i^{l_2}\right\}_{i=1}^5$ 串联在一起,再输入全连接层 FC,回归出最后人手位姿 $P^t \in \mathbb{R}^{3 \times J}$。每个全连接层有 2048 个神经元,每个全连接层后面会有非线性激活层(ReLU)和 Dropout 层。

$$\bar{h}_i^{l_2} = \text{concate}\left(\left\{h_i^{l_2}\right\}_{i=1}^5\right) \tag{5-19}$$

$$P^t = \text{FC}(\bar{h}^{l_2}) \tag{5-20}$$

在整个模型的训练当中,设定训练集合方程为 T^0,其中 N_T 表示训练样本的数量,D_i 表示深度人手图像,P_i^0 表示人手位姿估计初始值,P_i^{gt} 表示该深度图像的三维人手位姿。

$$T^0 = \left\{(D_i, P_i^0, P_i^{gt})\right\}_{i=1}^{N_T} \tag{5-21}$$

在阶段 t 中,运用 T^{t-1} 训练回归模型 R^t,使用这个模型,能够使训练集中每个样本得到更准确的三维人手位姿。

$$P_i^t = R^t(P_i^{t-1}, D) \qquad (5\text{-}22)$$

在阶段 $t+1$ 训练模型 R^{t+1},使用 T^t 的结果,反复重复这一过程直到达到最大的迭代次数 T。训练模型 R^T 是最后训练好的模型,用来进行人手位姿估计和更新初始的三维人手位姿。

5.4 实验结果及分析

数据处理的计算机配置为:Ubuntu16.04 LTS 64 位操作系统,Intel(R) Core(TM) i7-7800H 处理器、3.6GHz 主频、64GB 内存,单张 GTX1080TI 显卡,显存大小为 11G。软件开发工具以及开发包为用于 Python 开发的编辑器 Pycharm 2018、图像处理库 OpenCV3.2、绘图开发包 Matplotlib、高性能矩阵计算 Numpy 等。在 3 个公开的数据集 ICVL、MSRA、NYU 中评估算法的有效性(图 5-8)。MSRA 手部姿势数据集包含来自英特尔创意互动相机拍摄的 9 个不同的人手对象的 76 500 帧图像。留下一个人手对象的数据集作为交叉验证测试数据用于评估人手位姿。人手位姿标记由 21 个关节组成,每个手指有 4 个关节,每个手掌有 1 个关节。此数据集具有较大的视点变化,这使其成为一个相当具有挑战性的数据集。ICVL 手部姿势数据集是从 10 个不同的受试者中收集到的。平面内旋转应用于收集的样本,最终数据集包含 330k 样本用于训练。测试集中共有 1596 个样本,包括测试序列 A 的 702 个样本和测试序列 B 的 894 个样本。人手位姿的标注包含 16 个关节,包括每个手指 3 个关节和 1 个手掌关节。

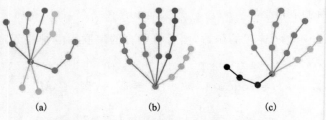

图 5-8 NYU(a)、MSRA(b)、ICVL(c)关节点

整个模型训练周期为 100,Batch size 的大小设置为 64,深度残差网络采用 Adam 梯度下降算法,学习率设置为 0.000 1;区域集成网络采用 SGD 梯度下降算法,学习率设置为 0.005,每迭代 25 个周期,学习率缩小到 1/10,权重衰减为 0.000 5,动量为 0.9。人手姿态引导的结构化区域集成网络采用 SGD 梯度下降算法,学习率设置为 0.001,每迭代 10 个周期,学习率缩小 10 倍,权重衰减为 0.000 5,动量为 0.9。

采用关节点平均误差与预测的人手位姿和真实标准的人手位姿最大的关节点误差在阈值 τ 之内帧数占测试集总帧数的百分比。真实的关节点坐标为 $(X_{ij}^{gt}, Y_{ij}^{gt}, Z_{ij}^{gt})$,预测的关节点坐标为 (X_{ij}, Y_{ij}, Z_{ij}),其中 i 表示测试数据集深度人手图像的帧数索引,j 表示人手关节点的索引,N 表示测试集深度人手图像的帧数,J 表示每帧深度人手图像中关节点的数量。关节点平均误差

$$\text{err} = \frac{1}{N} \sum_i \frac{1}{J} \sum_j \sqrt{(X_{ij}^{gt} - X_{ij})^2 + (Y_{ij}^{gt} - Y_{ij})^2 + (Z_{ij}^{gt} - Z_{ij})^2} \qquad (5\text{-}23)$$

在阈值内帧数占比：预测的人手位姿和真实的人手位姿（GT）关节点最大的误差。其中 $\textbf{\textit{1}}$ 表示指示函数，当指示函数里面的条件满足时指示函数等于 1，反之则为 0。

$$\text{rate} = \sum_i \textbf{\textit{1}} \left(\max_j \left(\sqrt{(X_{ij}^{gt} - X_{ij})^2 + (Y_{ij}^{gt} - Y_{ij})^2 + (Z_{ij}^{gt} - Z_{ij})^2} \right) \leqslant \tau \right) / N \qquad (5\text{-}24)$$

1. NYU 数据集实验结果

本节采用 3 种不同方法进行人手位姿估计，包括深度残差卷积网络（ResNet-Hand），区域集成网络（Multi-Region）和人手姿态引导结构化区域集成网络（Pose-Guide）。为了验证这 3 种人手位姿估计方法的有效性，在公开性数据集 NYU 上与现有其他方法进行实验对比分析。

图 5-9 中，以人手中心点作为先验信息的方法得到人手位姿估计，深度残差卷积网络方法（ResNet-Hand）的平均误差为 13.89mm，区域集成网络方法（Multi-Region）的平均误差为 12.63mm，人手姿态引导结构化区域集成网络（Pose-Guide）的平均误差为 11.49mm。

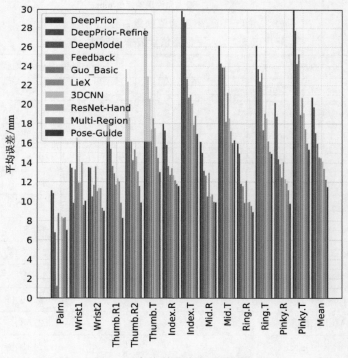

图 5-9　各个关节点的平均误差

图 5-10 展示在相同阈值下预测的人手位姿和真实标准的人手位姿（GT）的关节点最大误差，从图上可以分析出 Pose-Guide 在各个阈值条件下的三维人手关节点坐标误差小于其他方法。

从表 5-2 中可以得出 Pose-Guide 三维人手位姿平均误差相比其他方法更低。

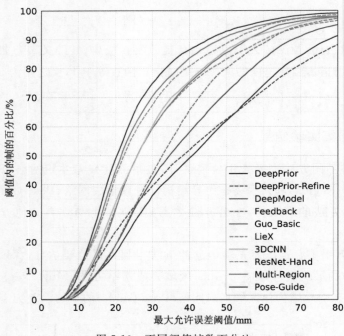

图 5-10　不同阈值帧数百分比

表 5-2　人手位姿估计方法的对比

方法	三维人手位姿平均误差/mm
Bouchacourt et al.（DISCO）	20.7
Oberweger et al.（DeepPrior）	19.8
Deng et al.（Hand3D）	17.6
Zhou et al.（DeepModel）	17.04
Fourure et al.（JTSC）	16.8
Oberweger et al.（Feedback）	16.2
Neverova et al.	14.9
Xu et al.（Lie-X）	14.5
Ge et al.（3DCNN）	14.1
ResNet-Hand	13.89
Multi-Region	12.63
Pose-Guide	11.49

　　图 5-11 中表示三维人手位姿估计在二维深度图像上的投影，第一行为真实标注的人手关节点坐标(GT)在人手图像上的投影，第二行为运用深度残差卷积网络(ResNet-Hand)预测的人手关节点坐标在人手图像上的投影，第三行为运用区域集成网络方法(Multi-Region)预测的人手关节点坐标在人手图像上的投影，第四行为人手姿态引导结构化区域集成网络(Pose-Guide)预测的人手关节点坐标在人手图像上的投影。

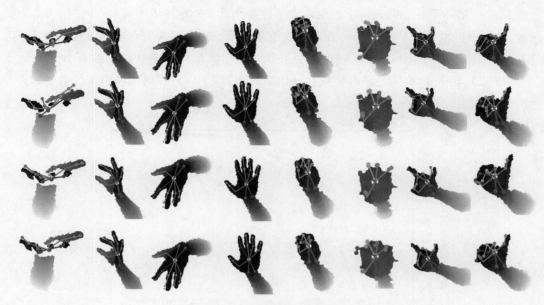

图 5-11　NYU 数据集的人手位姿投影

2. MSRA 数据集实验结果

本节采用 3 种不同方法进行人手位姿估计,包括深度残差卷积网络(ResNet-Hand)、区域集成网络(Multi-Region)和人手姿态引导结构化区域集成网络(Pose-Guide)。为了验证这 3 种人手位姿估计方法的有效性,在公开数据集 MSRA 上与 3DCNN 进行实验对比分析。

图 5-12 中以人手中心点作为先验信息的方法得到人手位姿估计,深度残差卷积网络方法(ResNet-Hand)的平均误差为 9.79mm,区域集成网络方法(Multi-Region)的平均误差为 8.65mm,人手姿态引导结构化区域集成网络(Pose-Guide)的平均误差为 8.58mm。

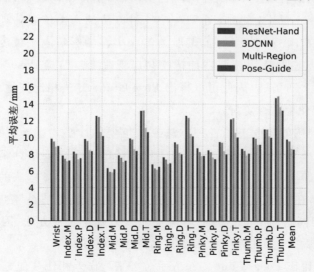

图 5-12　各个关节点的平均误差

图 5-13 中展示了在相同阈值下预测的人手位姿和真实标准的人手位姿(GT)的关节点最大误差,从图中可以看出 Pose-Guide 在各个阈值条件下三维人手关节点坐标误差相比其他方法最小。当阈值低于 10mm 时,预测的人手关节点坐标满足阈值条件的帧数百分比趋近于零;当阈值低于 30mm 时,满足条件帧数百分比最高达到 90%,其他满足阈值条件的帧数百分比达到 80% 左右。

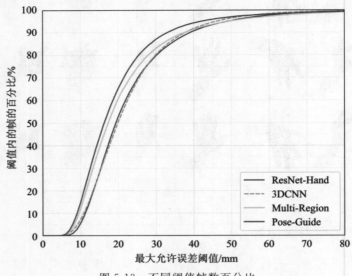

图 5-13 不同阈值帧数百分比

在 MSRA 测试集上以相机坐标为参考点,分析深度人手图像相对于坐标轴的角度(视角变化)和人手位姿估计平均误差的关系。偏航角(yaw angle)含义是深度人手图像相对 X 轴的旋转角度,俯仰角(pitch angle)含义是深度人手图像相对 Y 轴的旋转角度。

图 5-14 表示不同偏航角度下的各种方法三维位姿估计平均误差,从曲线的对比可以得出,当偏航角在 $-40°\sim-10°$ 之间时,图 5-14 中 4 种方法的人手位姿估计精度受到偏航角的影响不大,当偏航角在 $10°\sim40°$ 之间时,偏航角的大小直接影响人手位姿估计的精度。特别在偏航角为 $10°、20°、30°$ 时,人手位姿估计精度会出现跳变。但是 Pose-Guide 方法的平均误差仍然小于另外其他 3 种方法,因此可以得出 Pose-Guide 方法相比其他 3 种方法,对于深度人手图像偏航角度变化稳定性更好。

图 5-15 表示不同俯仰角度下的各种方法三维位姿估计平均误差,从曲线的对比可以得出,当俯仰角在 $-10°\sim10°$ 之间时,图 5-14 中 4 种方法的人手位姿估计精度受到偏航角的影响较大,当偏航角在 $10°\sim50°$ 之间时,Multi-Region 和 Pose-Guide 方法的平均误差随着俯仰角增大而减小。特别在偏航角为 $90°$ 时,Pose-Guide 人手位姿估计精度会出现向下跳变。Pose-Guide 方法在相同俯仰角度下的平均误差都小于另外 3 种方法,因此 Pose-Guide 方法相比其他方法,对于深度人手图像俯仰角度变化稳定性更好。

从表 5-3 中可以得出 Pose-Guide 三维人手位姿平均误差相比其他方法最低。

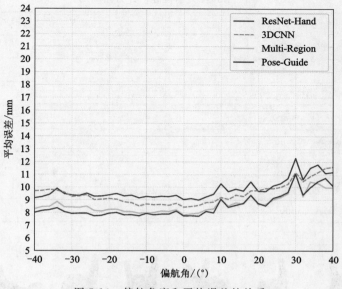

图 5-14　偏航角度和平均误差的关系

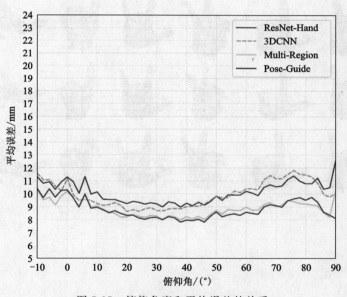

图 5-15　俯仰角度和平均误差的关系

图 5-16 表示三维人手位姿估计在 MSRA 测试集中二维深度图像上的投影，第一行为真实标注的人手关节点坐标（GT）在人手图像上的投影，第二行为运用深度残差卷积网络（ResNet-Hand）预测的人手关节点坐标在人手图像上的投影，第三行为运用区域集成网络方法（Multi-Region）预测的人手关节点坐标在人手图像上的投影，第四行为人手姿态引导结构化区域集成网络（Pose-Guide）预测的人手关节点坐标在人手图像上的投影。

表 5-3   MSRA 人手位姿估计方法的对比

方法	三维人手位姿平均误差/mm
Sun et al.（HPR）	15.2
Yang et al.（Cls-Guided）	13.7
Ge et al.（MultiView）	13.2
Wan et al.（CrossingNets）	12.2
ResNet-Hand	9.79
Ge et al.（3DCNN）	9.58
Multi-Region	8.65
Pose-Guide	8.58

图 5-16   MSRA 数据集的人手位姿投影

3. ICVL 数据集实验结果

本节采用 3 种不同方法进行人手位姿估计,包括深度残差卷积网络(ResNet-Hand)、区域集成网络(Multi-Region)和人手姿态引导结构化区域集成网络(Pose-Guide)。为了验证这 3 种人手位姿估计方法的有效性,在公开性数据集 ICVL 上与其他方法进行实验对比分析。

本节将这 3 种方法的人手位姿估计精度进行比较。图 5-17 中,深度残差卷积网络方法(ResNet-Hand)的平均误差为 7.63mm,区域集成网络方法(Multi-Region)的平均误差为 7.31mm,人手姿态引导结构化区域集成网络(Pose-Guide)的平均误差为 7.21mm。

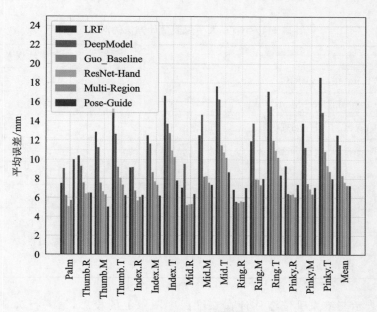

图 5-17　各个关节点的平均误差

图 5-18 展示在相同阈值下,预测的人手位姿和真实标准的人手位姿(GT)的关节点最大误差,Pose-Guide 在各个阈值条件下三维人手关节点坐标误差小于另外 3 种方法。当阈值低于 10mm 时,Pose-Guide 预测的人手关节点坐标满足阈值条件的帧数百分比为 50%,而其他 3 种方法满足阈值条件的帧数百分比为 25%左右;当阈值低于 30mm 时,满足条件的帧数百分比最高达到 95%,而其他方法满足阈值条件的帧数百分比在 85%以下。

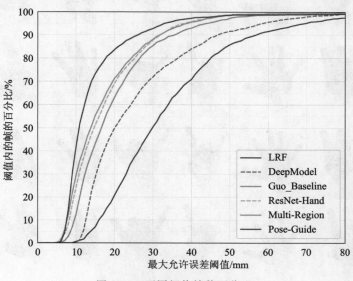

图 5-18　不同阈值帧数百分比

从表 5-4 中可以看出 Pose-Guide 三维人手位姿平均误差相比其他方法最低。

表 5-4　ICVL 人手位姿估计方法的对比

方法	三维人手位姿平均误差/mm
Tang et al.（LRF）	12.6
Zhou et al.（DeepModel）	11.56
Deng et al.（Hand3D）	10.9
Krejov et al.（CDO）	10.5
Oberweger et al.（DeepPrior）	10.4
Wan et al.（CrossingNets）	10.2
ResNet-Hand	7.63
Multi-Region	7.31
Pose-Guide	7.21

图 5-19 中表示三维人手位姿估计在二维深度图像上的投影,第一行为真实标注的人手关节点坐标(GT)在人手图像上的投影,第二行为运用深度残差卷积网络(ResNet-Hand)预测的人手关节点坐标在人手图像上的投影,第三行为运用区域集成网络方法(Multi-Region)预测的人手关节点坐标在人手图像上的投影,第四行为人手姿态引导结构化区域集成网络(Pose-Guide)预测的人手关节点坐标在人手图像上的投影。

图 5-19　ICVL 数据集的人手位姿投影

在 3 个公开数据集上的测试结果表明,深度残差卷积网络相比浅层网络有更强的特征提取能力。区域集成网络通过合并特征图信息进行位姿估计,相比单个网络有更强的特征表达能力,人手位姿估计精度比 ResNet-Hand 方法更高。人手姿态引导的区域集成网络通过将先前的人手位姿估计的引导信息结合到特征图中,改善网络学习到更好特征进行人手位姿估计。

上述实验结果表明,采用姿态引导的区域集成网络相比残差网络和区域集成网络的三维人手位姿估计精度高,主要原因是 Pose-Guide 通过人手位姿引导在特征图中获得人手每个关节点特征,然后使用结构化区域集合策略明确地模拟不同手关节之间的约束和关系,充分挖掘人手图像的信息,因此相比其他方法人手位姿估计的精度高。当深度图像中人手自遮挡情况严重时,预测的人手位姿在深度图像上的投影效果相比于其他方法更为理想。

5.5　本章小结

本章针对数据增强后的深度人手图像,设计人手姿态引导的区域集成网络进行三维位姿估计。该方法的优势体现在两个方面:一方面是采用深度残差网络强大的特征提取能力;另一方面是采用区域集合网络将最后一个卷积层的特征图划分为若干空间区域,每个区域被馈送到全连接层然后融合进行人手位姿回归。结合上述优势的情况下引入了误差反馈,将先验知识纳入 CNN,集中通过 CNN 提取的更优化和更具有代表性的特征实现高精度的人手位姿估计。

第 6 章　基于共享特征的手势识别与人手位姿估计

本章的目标是利用多任务学习方法来提高手势识别的精度。一般而言,让神经网络进行多个与目标相关的辅助任务的学习训练,可以提高其对目标的识别能力。因此我们希望利用人手位姿估计来强化神经网络对人手空间结构的理解,以提高手势识别的精度。由于神经网络在进行多任务训练时,人手位姿估计和手势识别的目标函数会叠加同时进行优化,人手位姿估计的收敛效果不好也会影响手势识别,从而出现负优化的问题。因此如何有效地利用共享特征使得人手位姿估计和手势识别任务相互促进是该任务的巨大挑战。

6.1　问题分析与方案设计

本章通过采集的 RGB 图像估计手势的类别,而由于人手的高自由度以及姿态复杂的手势,随着拍摄视角和手形的变化,经常出现手指被自身遮挡的情况,直接影响到手势的识别。图 6-1 为同一类手势的不同视角下的图片。

图 6-1　同一类手势的不同视角

虽然同为一个手势,但受到遮挡及视角影响,使得只针对分类任务的手势识别网络难以准确识别。此外,如图 6-2 所示,具有相似人手姿态的不同手势在图像上的差别不大,这也会给手势分类带来极大的干扰。

图 6-2 中的 3 个手势分别对应美国手语手势 ASL 中的"U""R""V",这些不同的手势之间只有很小的差异。而现有的手势识别方法只是关注手势图像的表层信息与特征,导致其容易受到环境、背景与光照的变化的影响。手势的多视角特性以及手的自身遮挡问题,在不同角度下拍摄的手势有很大差异,也会影响手势识别的识别率。基于单目 RGB 图像的人手感知研究中,已有相当一部分工作利用人手位姿估计进行手势识别任务。结合已有工作,本研

图 6-2　相似姿态的不同手势

究发现,即使环境、视角变化甚至出现手指自遮挡的情况,基于单目彩色图像的人手姿态估计方法仍能很好地捕捉手的二维、三维特性,得到较准确的人手姿态。

前文提及利用人手位姿估计进行手势识别任务可以有效地缓解其受环境、视角变化及自遮挡的影响。但由于后者的识别依赖前者,人手姿态估计不准确则会直接影响手势识别的准确率。此外对于人手位姿估计而言,也存在很多技术难点。例如人手位姿估计的标签是人手关节的三维坐标,其标注成本十分昂贵,此外人手位姿估计受图像分辨率的影响较大,当人手图像的成像效果不好时,人手位姿估计的结果也很不稳定。

人手位姿估计和手势识别任务都与人手的外形、纹理肤色等特征有关,但二者的关注重点不同导致其适用的场景也不同。我们希望将二者借助共享特征进行多模态的信息融合,从而使得神经网络能够捕获人手多模态的特征,以达到二者相互促进的目的。然而大多数方法都是将手势识别与人手位姿估计分开研究,将这些任务进行组合训练时,很难找到同时包含这两类标签的数据集,而且人手位姿估计数据集的标签是三维关节点,其标注成本很高。此外多任务学习本身也存在收敛不稳定的问题,若辅助任务训练效果不好,甚至会出现负优化的情况。

本章中提出了一种基于共享特征的手势识别和人手位姿估计网络,它可以通过辅助任务的学习来强化模型的综合性能,如共享特征提取网络训练学习人手图像重构的辅助任务可以提高其对人手肤色纹理的理解,进行人手位姿估计的学习可以强化网络对人手空间结构特征的捕捉能力等。神经网络在拥有了多方位的对人手信息的感受能力后,就能在面对人手被遮挡以及成像效果不好的现象时具备更强的泛化能力,从而达到各个子任务之间的相互促进。

针对人手位姿估计数据集标注困难的问题,本章中提出了一种在没有人手关节点标签的情况下可以训练网络进行人手位姿估计的半监督训练方法,该方法利用迁移学习的方式借助公共人手位姿估计数据集来训练网络具备捕获人手空间结构的能力,同时借助手势的类别标签和手势的先验知识来强化网络对复杂手势的姿态估计能力。为了解网络在进行多任务学习时容易出现的负优化情况,我们设计了一套联合优化的训练方法,通过优化算法实时调控各个辅助任务的损失权重。

综上所述,在本章中我们首先提出一种基于共享特征的手势识别和人手位姿估计算法,同时提出了一套基于多任务联合学习的神经网络训练方法。该算法能从单目彩色图像中提取共享特征来识别手势和人手姿态。然后介绍如何用半监督学习的方式来训练网络模型。最后通过实验验证了该算法的有效性。

6.2　基于共享特征的手势识别与人手位姿估计框架

本节中我们将详细地介绍本章提出的基于共享特征的手势识别与人手位姿估计算法框架(图 6-3),我们提出的算法主要由图中 4 个部分构成。彩色手势图像作为输入,首先在共享特征提取网络提取共享特征,然后共享特征将分别输入 3 个子任务网络中,其中手势识别网络从共享特征中获取信息并进行手势分类,而人手位姿估计网络和人手图像重构网络则进行辅助性任务,其目的是在训练网络时经过梯度反向传播来强化共享特征提取网络捕获人手信息的能力,从而达到提升手势识别精度的目的。

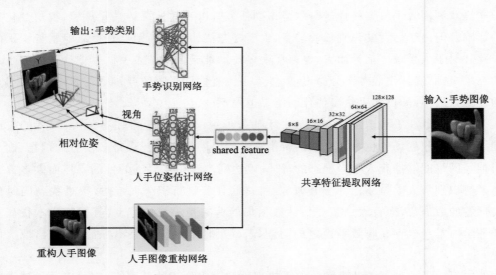

图 6-3　共享特征的手势识别与人手位姿估计框架

1. 共享特征提取网络

我们使用一个轻量级的 CNN 网络 MobileNet 作为共享特征提取的主干。该网络具有高效、准确的特点,适合应用于手机等嵌入式系统。MobileNet 使用名为倒残差模块(inverted residuals)的基本单元堆叠而成共享特征提取网络,如图 6-4(b)所示。每个基本单元的中间扩展层使用了第 2 章介绍的深度可分离卷积。此设计与 ResNet 中的残差模块(residual block)[图 6-4(a)]先降维再升维恰恰相反,倒残差模块先将特征升维 6 倍,经过卷积后再降维。ResNet 的微结构为沙漏形,而 MobileNet 则是纺锤形。由于深度可分离卷积使用低维卷积提取特征时无法获得整体信息,所以倒残差模块的目的是平衡网络在高维空间提取特征的能力。

如图 6-5 所示,共享特征提取网络首先将前景手图像 patch 调整为统一大小,然后送入网络进行共享特征提取。输入手图像 patch 的形状为 $256 \times 256 \times 3$, 256×256 为图像大小,3 为输入通道数(彩色图像有 3 个通道)。如图 6-5 所示,图像数据经过一系列倒置的残块,输

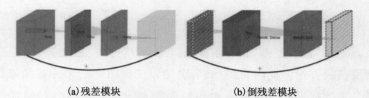

(a)残差模块　　　　　　　　　(b)倒残差模块

图 6-4　倒残差模块示意图

出形状为 $8 \times 8 \times 1280$,其中 1280 为输出通道数。平均池化层(avgpool)将网络输出映射到 1280 维的共享特征。

输入	操作符	t	c	n	s
$224^2 \times 3$	conv2d	-	32	1	2
$112^2 \times 32$	bottleneck	1	16	1	1
$112^2 \times 16$	bottleneck	6	24	2	2
$56^2 \times 24$	bottleneck	6	32	3	2
$28^2 \times 32$	bottleneck	6	64	4	2
$14^2 \times 64$	bottleneck	6	96	3	1
$14^2 \times 96$	bottleneck	6	160	3	2
$7^2 \times 160$	bottleneck	6	320	1	1
$7^2 \times 320$	conv2d 1×1	-	1280	1	1
$7^2 \times 1280$	avgpool 7×7	-	-	1	-
$1 \times 1 \times 1280$	conv2d 1×1	-	k	-	

图 6-5　共享特征提取网络结构图

与 VAE(Krizhevsky et al. ,2012)相似,作者生成了一个具有高斯分布的隐向量。首先,将共享特征输入 1×1 卷积层预测隐向量的高斯分布参数,即均值 μ 和对数标准差 σ 。然后,利用 μ 、σ 和标准高斯分布噪声 Φ 计算样本 g ,即

$$g = \mu + \frac{\mathrm{e}^{\sigma}}{2} \times \Phi \tag{6-1}$$

均值 μ 用于手势识别和人手位姿估计,样本 g 用于图像重建。这些任务将在以下 3 个小节中进行解释。

2. 手势识别网络

我们采用一系列全连通层,利用共享特征对手势类别进行分类。首先通过 1×1 卷积层将 1280 维共享特征转换为 128 维隐向量。然后通过全连通层将隐向量的均值 μ 转化为 512 维的隐向量。ReLU 激活后,将 512 维隐向量转换为 C 维向量 $\boldsymbol{X} = [x_1, x_2, \ldots, x_c]^{\mathrm{T}} \in R^{1 \times C}$,其中 C 表示手势识别数据集中的类别个数。最后在这个向量上应用 softmax 函数来计算每个手势类别的得分。分数最大的手势作为分类结果。手势识别的损失函数定义为预测手势与手势标签之间的交叉熵

$$L_{\mathrm{gesture}}(X, \mathrm{class}) = -\lg\left(\frac{\mathrm{e}^{X_{\mathrm{class}}}}{\sum\limits_{i=1}^{C} \mathrm{e}^{X_i}}\right) = -X_{\mathrm{class}} + \lg\left(\sum\limits_{i=1}^{C} \mathrm{e}^{X_i}\right) \tag{6-2}$$

式中:class $\in$ $(1,2,\cdots,C)$ 表示手势类别索引, X_{class} 表示类别索引为 class 的预测手势的得分。

3. 人手位姿估计网络

由于手部姿态复杂,自由度高,且与人体姿态不同,它有左右之分,这提高了估计图像中手部姿态的复杂度与运算量。同时,信息缺失会给以二维图像的单一视角来估计手部三维姿态带来很大难度。为此我们同时预测人手相对姿态和视角。视角(view)代表网络学习图像中手部姿态的描述关系到规范坐标系的放射关系,来对三维姿态估计结果进行微调。

手部姿态由三维关节坐标集合 $\{\boldsymbol{P}_i = (x_i, y_i, z_i)\}$ 定义,其中 $i = 1, \cdots, J$, $J = 21$ 表示手部关节个数。在未知手大小情况下,从单色图像中估计出人手的三维姿态是一个不适定问题。

因此我们参考了之前的工作(Tang et al., 2013),采用第 2 章提及的弱投影空间变换的方式。如图 6-6 所示,我们通过单色图像来估计人手的相对三维姿势 $\{\boldsymbol{P}_i^{\text{rel}} = (x_i^{\text{rel}}, y_i^{\text{rel}}, z_i^{\text{rel}})\}$ 以及弱投影变换所需的视角参数 $\boldsymbol{V} = (\boldsymbol{R}, s, t)$ 。为了让预测的人手都能保证相对大小,我们将人手的大小先进行归一化处理,即把中指的第一段骨节长度归一化为 1,其他骨节长度也进行等比例的缩放,同时将人手坐标系的原点定义为中指的根部关节点。

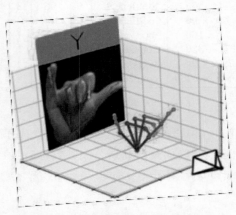

图 6-6　人手相对三维姿态投影示意图

假设 $\boldsymbol{p}_i = (u_i, v_i)$ 表示图像中 $\boldsymbol{P}_i^{\text{rel}}$ 的二维投影,则将三维手关节投影到二维图像上的公式为

$$\boldsymbol{p}_i = \Pi(\boldsymbol{R} \cdot \boldsymbol{P}_i^{\text{rel}}) \cdot s + t \tag{6-3}$$

式中:$\Pi(\cdot)$ 为二维投影函数,本书中采用的是正交投影函数;$\boldsymbol{R} \in SO(3)$ 表示手的三维旋转;$s \in R$、$t \in R^2$ 分别表示比例尺和二维平面内平移。

我们定义视图参数 $\boldsymbol{V} = (\boldsymbol{R}, s, t)$,旋转 $\boldsymbol{R}$ 被参数化为 3D 的欧拉角,因此视图参数 $\boldsymbol{V}$ 为 6D。

将共享特征生成的潜在码的均值 μ 输入人手位姿估计网络中,估计出相对的三维手姿和视图参数。手部姿态估计网络包含两个全连通层,激活函数为 ReLU。第一层全连接层神经元个数为 256 个,第二层全连接层神经元个数为 128 个。两个线性层将第二个全连接层的输出分别转换为人手相对三维姿态和视角参数。人手位姿估计的损失函数定义为

$$L_{\text{pose}} = L_{\text{rel}} + L_{\text{view}} = \sum_{i=1}^{J} \|\hat{\boldsymbol{P}}_i^{\text{rel}} - \boldsymbol{P}_i^{\text{rel}}\|_2^2 + \|\hat{\boldsymbol{V}} - \boldsymbol{V}\|_2^2 \tag{6-4}$$

式中：L_{rel} 表示人手相对三维姿态的损失；L_{view} 表示视角参数估计的损失；$\boldsymbol{P}_i^{rel}$ 和 $\widehat{\boldsymbol{P}}_i^{rel}$ 表示人手姿态标签和预测的人手相对三维姿态；$\boldsymbol{V}$ 和 $\widehat{\boldsymbol{V}}$ 表示视角标签值和预测的视图参数。

4. 人手图像重构网络

Gen 等（2019）的研究中发现若在进行人手检测时，加入人手图像重建作为辅助任务可提高人手检测的准确性。因此我们借鉴其思路添加了人手图像重构网络子任务，以提高网络的泛化能力。我们在搭建人手图像重建模块时参考了 VAE 的思想，利用式（6-4）计算出的样本 g 对手像进行重建。和 Gen 等（2019）一样，我们应用一系列反卷积层对人手图像进行重建。人手图像重建的损失函数定义为

$$L_{recons} = \| I^{recons} - I^{rel} \|_1 + \frac{1}{2}(u^{\mathrm{T}}u + \mathrm{sum}(e^{\sigma} - \sigma - 1)) \tag{6-5}$$

式中：第一项为原始手像与重构手像之间的 L1 距离；第二项为隐向量概率分布与标准高斯分布之间的 KL 距离。

6.3　基于相对人手姿态的半监督学习方法

深度学习的发展得益于计算机硬件的快速发展，同时也得益于信息化时代带来的大数据。过去人们只专注于对网络模型等方面的研究，而 ImageNet 数据集的提出让人们意识到大量的数据对于深度学习同样重要，它在给网络模型提供更丰富数据的同时提高了网络的性能。但是这些数据都需要极大的人工成本进行标注。半监督学习作为监督学习与无监督学习相结合的一种学习方法，它可以使用大量的未标记数据，以及同时使用标记数据，来进行模式识别工作。

我们提出的基于多任务学习的手势识别模型也面临同样的问题，首先现有数据集都是针对具体任务采集的，且现有的公共数据集中没有既提供手势类别又提供人手姿态标签的数据集，所以现有的公共数据集并不能直接用来监督训练我们的网络。其次对于人手位姿估计数据集来说，其标注的成本更高，而无标记姿态估计是计算机视觉与人工智能领域研究的热门话题，在视频监控、动作状态预测、体育科学、生物医学等领域具备非常广阔的应用前景。因此我们提出了一种基于半监督学习的人手位姿估计和手势识别联合训练方法。

由前文可知，我们在进行人手位姿估计任务时，将相机坐标系中的人手姿态分解为相对人手姿态（local joint）与弱投影变换的视角（view）。相对人手姿态是基于人手坐标系的，而视角则是人手相对于相机的旋转、位移和缩放。如图 6-7 所示，若要同时完成对手势识别任务和人手位姿估计任务的训练，我们需要手势类别标签、相对人手姿态标签以及视角标签。

特定的手势本身由一种特有的人手姿态构成，每一种手势都由手指和关节的固定搭配构成，因此我们可以通过手势的先验知识得知相对人手姿态。对于手势识别数据集而言，我们可以通过手势类别来获得相对人手姿态，并将其作为标签来监督网络学习。我们的方法使用手势识别数据集和人手位姿估计数据集进行联合训练，其具体监督过程如表 6-1 所示。

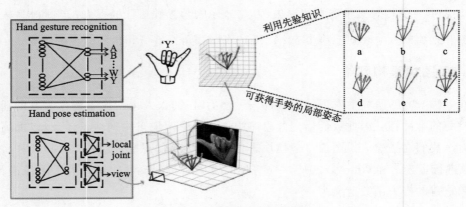

图 6-7　半监督学习示意图

表 6-1　半监督训练标签情况

训练数据集	手势标签	相对姿态标签	视角标签
手势识别数据集	√	√	×
人手位姿估计数据集	×	√	√

在训练网络时,我们使用手势识别数据集和手势估计数据集来联合训练我们的网络,为了保证训练数据的均衡分布,每批训练数据都是按照 1∶1 的比例从相应的数据集中随机抽取的。训练的总损失函数定义为

$$L = \lambda_1 \, L_{\text{gesture}} + \lambda_2 \, L_{\text{rel}} + \lambda_3 \, L_{\text{view}} + \lambda_4 \, L_{\text{recons}} \tag{6-6}$$

式中:L_{gesture}、L_{rel}、L_{view} 和 L_{recons} 已在前文中介绍过,$\lambda_i \, (i = 1, \cdots, 4)$ 是其值可设为 1 或 0 的平衡权重。L_{gesture} 需要手势类别标注,L_{rel} 需要相对手部姿态估计标注,L_{view} 需要视角标注,L_{recons} 不需要标注。

对于具有不同注释的数据集,平衡权值 λ_i 将会进行相应的调整。对于具有手势类别标注的图像,权值 λ_1 设为 1,否则设为 0。由于特定的手势与特定的相对手姿相关联,当手势标注可用时,权值 λ_2 设为 1。对于有手部姿态标注的图像,权值 λ_2 和 λ_3 设为 1,否则设为 0。由于人手图像重建不需要标注,所以权值 λ_5 设为 1。

人手位姿估计任务相较于手势识别任务来说更有挑战性,与手势识别只需要对图像进行分类相比,人手位姿估计需要从二维图像中获得人手的三维姿态,而且很多手势图像的手势非常复杂,这给姿态估计带来了极大的挑战。为了让人手位姿估计网络能够顺利收敛,我们在对整体网络进行半监督联合训练之前,先使用公共人手位姿估计数据集对人手位姿估计网络部分进行预训练,以强化网络对人手空间结构的理解能力,为此我们选用了 RHD 数据集和 STB 数据集进行预训练。

RHD 数据集由 Zimmermann 等(2017)通过虚拟 3D 人物模型,使用开源软件 Blender 在各个虚拟场景下渲染得到的国际公开数据集。该数据集包含执行 39 个动作的 20 个人物模型。对于每帧图片,随机确定相机位置,并确保有手在相机视野内。一旦相机的位置与朝向确定后,随机从 1231 个背景图片(所有背景图片中均不包含人)中挑选一张作为背景。为了增加数据集的多样性,随机进行光照变化与调节皮肤的反射效果。对每一帧数据,保存彩色图像,相机参数以及 21 个关节点的二维、三维位置信息。

STB 数据集为由 Zhang 等(2017)提出的用于人手姿态估计的公开数据集。该数据集包含一个人在 6 种不同背景以及各种光照条件下采集的手势数据,对每个场景下,分别采集计数手势与其他任意手势。每个背景下,对计数手势与随机手势分别采集 4500 张图片,同时有 21 个关节点的二维以及三维姿态标记。因此该数据集共包含 54 000 个样本。该数据集的图像只包含左手,对每张图片进行左右对称变换将左手手势转为右手手势。

6.4 实验结果与分析

本节我们首先在 3 个公共手势识别基准数据集上进行实验,通过对比实验来验证本书方法的有效性,然后设计了消融实验,通过控制变量法来证明本书方法中各模块的作用,最后还给出了定性实验来体现本书方法中人手位姿估计的效果。

1. 实验数据集

LaRED 数据集是 2014 年提出的一个公共基准手势识别数据集,它使用英特尔的短距离深度相机进行记录。该数据集包含 27 个基本手势,其中大部分来自美国手语,如图6-8所示。每个基本手势都有 3 个不同的方向,总共有 81 个类。LaRED 数据集共包含 10 个人共计 242 900 张图片,平均每个人的每个手势约包含 300 张图片,参考已发表的文献以及基准实验,我们也随机选取了 90% 的数据用于训练,另外 10% 的数据用于测试。

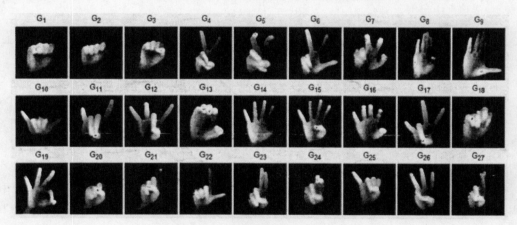

图 6-8 LaRED 数据集的手势示例

ASL 手势识别数据集使用摄像头 Kinect 得到的国际公开数据集,包含 5 个被试人 24 个不同的手势。24 个手势分别对应字母表中除去 j 和 z 的 24 个英文字母。数据集中不同的手势之间可能存在较大相似性,增加了识别的难度,如图 6-9 所示。该数据集主要针对人手区域进行静态人手采集,且不同被试者手的背景、朝向、姿态以及相机的角度都有变化,增强了数据集的多样性。

图 6-9　ASL 数据集的手势示例

ASL 数据集包含 5 个人共计约 65 000 张图片,平均每个人的每个手势包含约 550 张图片。按照数据集中 A、B、C、D、E 共 5 个人,将数据集分成 5 折。针对 5 折数据,每个分类器依次进行交叉验证测试。每折对应被试以及样本数量如表 6-2 所示。如第一折实验选用被试 E 的数据作为测试数据,其余 4 个被试的数据作为训练数据。

表 6-2　ASL 数据集分析说明

折(fold)	被试	样本量/个
第一折(fold 1)	E	12 782
第二折(fold 2)	D	13 154
第三折(fold 3)	C	13 393
第四折(fold 4)	B	13 898
第五折(fold 5)	A	12 547

2. 实验设备与配置

所有的实验都是在一台 NVIDIA 1080Ti 显卡的计算机上进行的。该方法通过 PyTorch (De Smedt et al.,2016)实现。该网络使用 Adam 优化器(Liu et al.,2017)进行训练,初始学习率为 1×10^3 ,学习率随着训练次数(epoch)依次递减,网络每训练 10 个 epoch,其学习率缩小为原来的 1/10 ,整个训练在 epoch 达到 20 时结束。批处理大小为 32,输入的图像大小调整为 256×256 的统一分辨率。由于现有的静态手势识别数据集中没有人手姿态标注,我们利用 STB 手部姿态估计数据集来预训练网络模型以学习人手姿态估计的先验知识。STB 数据集包含约 1800 张分辨率为 640×480 的人手图像,并提供相应的三维人手姿态标注。

3. 评估方法

手势识别任务往往采用准确率(accuracy)来测量手势识别的准确性。手势识别本质上是一个多分类问题,对于多分类问题,准确率的计算方法为

$$AC = \frac{正确分类样本数}{样本总数} \times 100\% \tag{6-7}$$

4. 对比实验

为了验证本书方法在手势识别任务上的性能。我们在公共基准手势识别数据集 LaRED 以及 ASL 数据集上对比了传统手势识别方法（SVM、DBN）、最先进的基于神经网络的手势识别方法以及本书方法，其分类结果如表 6-3 所示。

表 6-3　LARED 上的分类结果

对比方法	识别精度 AC/%
SVM	73.86
DBN	74.90
SAE	86.57
Adam et al.	97.25
本书的方法	99.96

从表中的数据可以看出，传统手势识别方法 SVM 和 DBN 在精度方面远不及基于深度学习的手势识别方法。可见卷积神经网络提取特征的表达能力更强。由于 LaRED 数据集是在受约束的环境中收集的，因此该数据集的性能已经接近饱和。先进的手势识别方法 Adam 等的识别精度为 97.25%，而本书方法的识别率提高到 99.96%，准确率比 Adam 等高 2.7% 左右。该实验中我们的方法在 LaRED 数据集上取得了最好的结果，也证明了本书方法在手势识别任务上的优异性能。

在 ASL 数据集上进行五折留一交叉验证实验。在测试集上对 24 个手势进行识别的实验结果如表 6-4 所示。表中列出各个方法每折的实验结果以及五折平均准确率，各组实验上的最优结果已加粗表示。

表 6-4　ASL 数据集上的分类结果

对比方法	第一折	第二折	第三折	第四折	第五折	平均
Inception-v1	86.07%	79.87%	**93.56%**	88.41%	85.53%	86.69%
ResNet-50	89.02%	79.39%	93.08%	**88.54%**	86.86%	87.38%
MobileNet	88.03%	82.45%	93.18%	83.24%	86.85%	86.75%
本书的方法	**89.06%**	**85.18%**	93.25%	84.71%	**89.73%**	**88.36%**

注：加粗字体表示得分最高。

从表中的数据可以看出，对比 3 种经典卷积神经网络模型，我们的方法精度最高，证明了该方法的有效性。与 MobileNet 方法相比，本书方法将 MobileNet 作为共享特征提取网络，在加入了人手位姿估计等辅助任务后，手势识别的效果有明显提升。

5. 人手位姿估计定性实验

利用迁移学习的方法，本书方法借助人手位姿估计公共数据集 STB 来获得人手姿态的相关知识，从而可以实现在没有手部姿态标注的数据集中预测手势和手部三维关节/骨骼。本书方法 3D 手部姿态估计结果如图 6-10 所示。将三维关节投影到裁剪后的图像平面上，骨骼与手对齐越紧密，则估计的姿态越准确。

(a) 人手位姿估计结果

(b) 预测失败的结果

图 6-10　基于 CUG-HAND-CROP 数据集的手部姿态估计结果

从图 6-10(a)中可以看出，本书方法预测的三维骨骼可以很好地与图像中的手对齐。当人手的图像比较模糊或者人手自遮挡较为严重时，也会出现预测失败的情况，具体如图 6-10(b)所示。

6.5　本章小结

本章首先在手势识别的基础上引入人手位姿估计作为辅助任务，用来强化网络对人手空间结构的理解，从而提高手势识别精度。提出了一种基于多任务联合学习的手势识别方法，该方法能从单目彩色图像中提取共享特征来识别手势和人手姿态。然后详细介绍了手势算法的网络框架，分为 4 个模块。共享特征提取网络用于提取人手特征，手势识别用于对人手特征进行手势分类，而人手图像重构和人手位姿估计作为辅助任务用来强化网络的泛化性能。提出了一种半监督学习的方法来训练神经网络，该方法能利用手势和人手姿态的固有关联，让网络能从公共人手位姿估计数据集中学习获得人手姿态的先验知识。最后结合手势识别数据集进行联合训练。

第 7 章　无约束场景下的手势识别与人手位姿估计

第 6 章提出了一种结合人手姿态估计的手势识别方法,它在处理人手出现的自遮挡、视角以及手形变化等问题时具备很强的泛化能力,但它和现有的手势识别方法一样,它们大都基于简单的受限环境(如室内、简单背景、单人或单手图像等),无法适用于复杂场景(如室外、多人或多手图像)。针对这个问题,作者设计和实现了一个无约束场景中的手势识别与人手位姿估计算法。先从彩色图像中检测前景手,再识别手势,并估计相应的 3D 手势。为了评估最先进的手势识别性能,我们从无约束的环境中采集了一个具有挑战性的手势识别数据集,该数据集带有手势标签和人手检测标签。

7.1　问题分析与方案设计

现有的人手识别相关方法大都基于实验室场景,而且算法识别的图像中往往只包含一个人手图像。目前公共的手势识别数据集和人手位姿估计数据集也都是基于简单稳定的场景,默认人手很容易在图像中检测出来。因此在该数据集训练的人手相关算法只能适用于相应的简单的场景,在面对真实场景中的复杂变化的环境,如光线、背景以及图像中可能出现多个手的情况时无法处理,如图 7-1 所示。

图 7-1(a)中的人手图片均来自公共手势识别数据集和人手位姿估计数据集,人手占据了图像的很大一部分,背景较为简单,且人手的成像效果稳定。因此在该数据集中训练的手势识别算法往往只能适用于相应的简单的场景。而图 7-1(b)为真实场景中的手势交流,带有信息的手势随机地分布在图像中,且图像中存在其他不包含任何信息的人手。深度学习算法的性能受限于数据集的多样性,现有的公共手势识别数据集都基于实验室场景,研究人员采集数据集的环境往往都在室内光线较为稳定的地方。尽管目前有一些数据增强方法可以通过调节图像对比度、图像翻转等方法在一定程度上增加数据的多样性,但很难概括自然场景中的各种随机情况。因此现有的手势识别方法难以应用到实际场景中。

传统的手势识别方法把手的定位和手势分类分成两个独立的过程,后者依赖于前者的结果,即如果定位失效了,分类将无法进行;且两个过程不会互相促进、互相帮助。此外一般的人手检测方法往往只针对人手进行检测,从图 7-1 中可以看出,真实场景中的图像不仅仅包含带有信息的关键手势,还随机分布了各种无关的人手,这给手势识别任务的准确分类带来了极大的干扰。

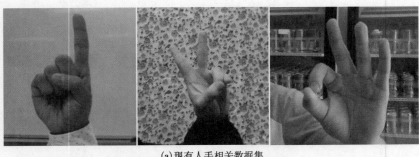

(a) 现有人手相关数据集

(b) 现实场景(教练用手势传递战术、交警指挥交通)

图 7-1　现有手势识别数据集的局限性

7.2　无约束场景下的手势识别与人手位姿估计

如图 7-2 所示,针对目前存在的这些主要问题,我们提出了一套无约束场景中的人手相关算法的解决方案。本节中我们首先详细介绍端到端的神经网络结构用于解决各个人手相关任务的独立性问题,将这些算法都融合到一个网络中,特征共享以达到相互促进的目的。然后介绍一种基于迁移学习的联合训练方法以解决多任务训练中标签缺乏的问题。最后我们将介绍该数据集采集方案用于解决现有手势识别数据集复杂度不够的问题。

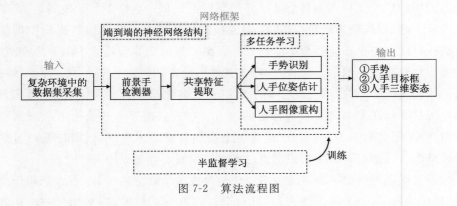

图 7-2　算法流程图

1. 端到端的神经网络框架

针对人手检测与手势识别算法独立性问题,作者设计了一种无约束场景中的手势识别与人手位姿估计算法。该算法将手的定位、手势分类及人手位姿估计融合到一个端到端的网络中,从而实现各个过程的特征共享、相互促进。该方法能从彩色图像中检测到人手,识别出带有信息的关键手势(前景手),并估计其手势类别和三维姿态。

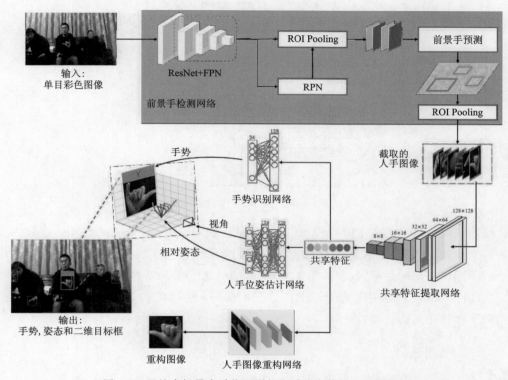

图 7-3　无约束场景中手势识别与人手位姿估计的网络框架

如图 7-3 所示,我们的网络主要分为两部分:第一部分为人手检测网络,它可以从图像中检测出带有手势信息的前景手以及背景手;第二部分为基于共享特征的手势识别与人手位姿估计手网络,其主体引用了本书第 6 章的网络结构,可以通过共享特征来识别手势和人手的三维位姿。

在无约束环境中进行手势识别会遇到很多实验室不存在的不稳定性问题,如图像中出现的人手不止一个,且其中杂糅了有信息的前景手势以及不携带信息的背景人手。因此在我们的方法中,以单一彩色图像作为输入,检测图像中所有的人手,并区分前景手和背景手。图像中的人手远近不一,且人手与环境的交互会导致遮挡问题,这些造成了我们要检测人手的大小和分辨率存在较大差异。为此,我们借鉴了 FPN 的网络结构作为前景手检测的特征提取器。

特征金字塔 FPN 网络主要是为了解决目标检测中小物体检测精度较低的问题,该网络可以提供多尺度检测的算法框架,可以大大提升小目标的检测精度,为目前主流的检测框架。如图 7-4 所示,该结构设计了 top-down 结构和横向连接,以此融合具有高分辨率的浅层特征和具有丰富语义信息的深层特征,实现了从单尺度的单张输入图像中获取了不同层次的特征。然后以 ResNet 最后 4 个阶段的激活层为输入生成多级特征图,这样可以使得网络具备同时提取大小物体特征的功能。

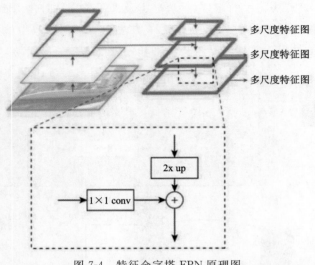

图 7-4　特征金字塔 FPN 原理图

区域建议网络(RPN)将 FPN 提取的多级特征图映射为输入,生成一组候选区域。在特征图的每个像素上,相对于 K 个参考锚点 anchor,对 K 个候选区域进行参数化。为了适应不同大小和不同长宽比的目标,我们使用了 9 种 anchor,以 16 为基准窗大小,分别给了3 种尺度倍数(8、16、32)和 3 种宽高比例(0.5、1、2)。我们使用 3 个尺度和 3 个纵横比,得到 $K = 9$,并采用如下参数化候选区域:

$$\begin{cases} t_x = \dfrac{x - x_a}{w_a}, t_y = \dfrac{y - y_a}{h_a}, t_w = \lg \dfrac{w}{w_a}, t_h = \lg \dfrac{h}{h_a} \\ t_x^* = \dfrac{x^* - x_a}{w_a}, t_y^* = \dfrac{y^* - y_a}{h_a}, t_w^* = \lg \dfrac{w^*}{w_a}, t_h^* = \lg \dfrac{h^*}{h_a} \end{cases} \tag{7-1}$$

其中,x、y 表示盒子中心的两个坐标,w、h 表示盒子的宽、高。变量 x^*、x_a 和 x 分别用于候选区域框、锚定框和真值框(同样用于 y、w、h)。ROI 层提取每个候选区域的特征。然后经全连接层和激活函数来预测候选区域是前景手还是背景手,并进一步细化候选框。在完成前景手的预测后,另一个 ROI 层根据预测的前景手候选框,从原始彩色图像中裁剪出与之对应的前景手图像。该截取的图像即为前景手检测网络所检测出的带有关键信息的手势图像,为后面的手势识别任务和人手位姿估计任务做准备。

在训练过程中,前景手部检测的目标函数定义如下:

$$L_{\text{detection}} = L_{\text{rpn}} + L_{\text{fhp}} \tag{7-2}$$

其中,L_{rpn} 表示 RPN 的损失,L_{fhp} 为前景手预测的分类损失。

$$L_{\text{rpn}} = \frac{1}{N_{\text{cls}}} \sum_i L_{\text{cls}}(p_i, p_i^*) + \frac{1}{N_{\text{reg}}} \sum_i p_i L_{\text{reg}}(t_i, t_i^*) \tag{7-3}$$

在这里,i 表示锚点的下标,p_i 是锚点 i 是否为手的标签,p_i^* 是预测的概率。t_i 表示式(7-1)中定义的 4 个参数化坐标的真值(Ground-truth),而 t_i^* 则表示其相应的预测。分类损失 L_{cls} 是两个类别(手动和非手动)的交叉熵损失。回归损失 L_{reg} 是 Mueller 等(2018)定义的光滑 L_1 函数。

前景手检测网络检测到前景手后,将前景手图像输入共享特征提取网络中提取共享特征,随后共享特征将分别输入 3 个子网络中进行手势识别、人手位姿估计以及人手图像重构任务。网络结构引用了第 6 章的内容,故在此不再赘述。

2. 联合训练方法

由于我们的方法涉及人手检测、手势分类及人手位姿估计等多个任务,现有的公开数据集只针对单个任务进行,因此无法在某一个数据集上单独训练我们的网络。为此我们利用迁移学习的思想,提出了一套联合训练方法,具体训练过程如下:

(1)对人手检测网络进行预训练。由于人手检测网络处于整个网络的最前端,训练前期人手检测网络检测不到人手图像,后面的网络无法产生有效的梯度传播,因此我们在公共人手检测数据集上进行预训练,在训练的过程中只对人手检测部分的损失函数进行监督学习,故此时的损失函数为 $L=L_{\text{detection}}$。

(2)对人手位姿估计网络进行预训练。由于人手位姿估计任务较手势识别任务更难(因为它需要从二维图像中预测出三维人手关键点坐标),且人手位姿估计是作为辅助任务来提高手势识别精度的,人手位姿估计网络如果不进行预训练处理,则很有可能对手势识别造成负优化影响,此时仅仅在公共人手位姿估计数据集上训练人手位姿估计网络部分,故此时的损失函数为 $L=L_{\text{pose}}+L_{\text{view}}$。

(3)利用基于相对人手位姿的半监督学习方法训练人手位姿估计和手势识别网络,利用特定手势与人手姿态之间的先验知识,使得本书提出的网络可以在没有三维人手姿态标注的手势识别数据集中进行人手位姿估计的训练。

(4)在 CUG-HAND 上对整个网络进行联合训练,CUG-HAND 中包含了人手检测和手势分类的标签,参考第(3)步的训练方法,本书提出的网络可以在没有人手三维姿态标签的情况下进行人手位姿估计,故此时的损失函数为

$$L = \lambda_1 L_{\text{detection}} + \lambda_2 L_{\text{gesture}} + \lambda_3 L_{\text{rel}} + \lambda_4 L_{\text{view}} + \lambda_5 L_{\text{recons}} \tag{7-4}$$

式中:$L_{\text{detection}}$、L_{gesture}、L_{rel}、L_{view} 和 L_{recons} 已在前文中介绍过,$\lambda_i (i=1,\cdots,5)$ 代表各个任务的优化权重,其中 $\lambda_1 = 10, \lambda_2 = 0.1, \lambda_3 = 1, \lambda_4 = 1, \lambda_5 = 0.01$。

7.3　基于复杂环境的手势识别数据集采集

针对手势识别算法的局限性,作者发现现有的手势识别数据集的复杂性不足限制了手势识别算法的应用场景,从而导致基于单目彩色图像的手势识别在现实生活中很难普及。因此作者提出了一个基于无约束场景的手势识别数据集。该数据集采集于日常生活的各类场景,同时具备人手二维位置标签和手势类别标签。作者希望利用该数据集的多样性来增强神经网络的泛化能力,扩展手势识别以及人手位姿估计的应用场景。

作者提出了一个具有挑战性的手势识别数据集 CUG-HAND,这也是第一个在不受约束的环境中收集的手势识别数据集。现有的手势识别数据集通常是在室内捕获的,每幅图像只包含一个受试者(最多 2 只手),而我们的数据集包含不受限制的环境,每幅图像的受试者数

量从 1 到 7 不等,每幅图像的人手数量最多可达 8 个。如图 7-5 所示,与传统的手势识别数据集不同,我们采集的 CUG-HAND 数据集来自各种复杂的自然场景,图像中人手随机地分布在图片的各个位置,且数目不定。

图 7-5 CUG-HAND 数据集中的样本图像

CUG-HAND 数据集是使用 Intel RealSense D435i 相机采集的,该相机捕获分辨率为 1280×720 的 RGB 图像。相机出厂校准,校准信息可通过 pyrealsense2 SDK (Software Development Kit) v2.33.1 进行检索。相机的视场是 69×42(水平×垂直)。相机的焦距设定为 919 像素,主点设定为(649,355)像素。

为了增强手势识别的鲁棒性和准确性,本数据集考虑了各种具有挑战性的因素,如极端光照条件、手形、比例、视点、部分遮挡。如图 7-6 所示,我们将采集的图像根据场景的复杂性分为以下几种情况:①简单情况,图像中少于 4 个人手[图 7-6(a)];②复杂情况,图像中有 4 个以上人手且背景杂乱的情况[图 7-6(b)]。此外,我们还考虑了极端光照条件,如背光情况,即相机面对光源[图 7-6(c)]和室外场景[图 7-6(d)]。

(a)简单场景 (b)复杂场景

(c)背光场景 (d)室外场景

图 7-6 CUG-HAND 数据集中的不同场景

我们总共收集了 1757 张图像,其中 1273 张图像用于训练,484 张图像用于测试。训练集和测试集都包含各种程度的复杂图像,表 7-1 中列出了这些情况下的图像数量分布。

表 7-1　各个场景下的图像在 CUG-HAND 数据集中的分布

对比方法	简单场景	复杂场景	背光场景	室外场景	总计
训练集	129	823	48	93	1273
测试集	72	311	37	64	484

7.4　实验结果与分析

本节首先介绍了本书方案的实验配置,通过对比实验验证本书方法的有效性。然后设计了消融实验,通过控制变量法来证明本书方法中各模块的作用。最后给出了定性实验来体现本书方法中人手位姿估计的效果。

为了证明本书提出的网络可以同时正确地定位到手和分类手势,本书选择的数据集需要同时满足以下几个条件:①同时拥有手势标签和人手检测标签;②图片需要有复杂的背景,人手只在图片中占据很小的一块区域。由于目前公开的人手检测数据集和手势识别数据集都是针对单个任务的,没有同时包含两类任务的标签。因此作者在 CUG-HAND 数据集上进行手势检测的对比实验。

1. 评价指标介绍

目标检测任务通常使用 mAP 作为模型性能的评价指标,mAP 是对每个类别分别计算平均精确率(average precision,AP)后求均值得到的,可以认为 mAP 越高,检测效果越准确。首先计算目标框之间的交并比 IOU(intersection over union),其次计算 IOU 阈值为 0.5 的每个类别的平均精度,最后将所有类别的平均 AP 定义为

$$\mathrm{mAP} = \frac{1}{N} \sum_{i=1}^{N} \mathrm{AP}_i \tag{7-5}$$

式中:N 为类数;i 为类索引;AP_i 为第 i 类的 AP。

由于主要有 25 个类别,即 24 个 ASL 手势和背景手类别,故将 N 设置为 25。

2. 手势检测定量实验

对以下方法进行比较:①FasterRCNN 是计算机视觉领域应用最广泛的目标检测基线之一;②Adam 等所提出的方法包含了人手检测和手势识别两个任务,该方法使用了 RetinaNet 作为人手检测器,然后使用了 MobileNet 作为手势分类器;③本书的方法。各方法的 mAP 如表 7-2 所示。

表 7-2   人手检测对比方法的 mAP

对比方法	mAP/%	准确率/%	召回率/%	F1 分数/%
FasterRCNN	63.5	53.3	72	61.3
Adam et al.	70.2	81.3	58	67.7
本书的方法	**82.3**	**87.2**	**75**	**80.7**

注:加粗字体表示得分最高。

在上述各方法中,本书方法的手势检测准确率是最高的。FasterRCNN 方法的 mAP 是 63.5%,本书方法的 mAP 比 FasterRCNN 方法高了 18.8%。本书方法的 mAP 也比 Adam 等提出的方法的 mAP 高12.1%。本书方法的准确率(precision)、召回率(recall)与 F1 分数分别为 87.2%、75%、80.7%,明显高于 FasterRCNN 方法和 Adam 等提出的方法。实验证明了本书方法能适用于各种复杂无约束的场景,并且能准确地检测人手并进行识别。除了对比 mAP,我们还绘制了 P-R 曲线,直观地测评出各个方法的性能,如图 7-7 所示。本书方法在每个手势类别的平均精度(AP)如表 7-3 所示。

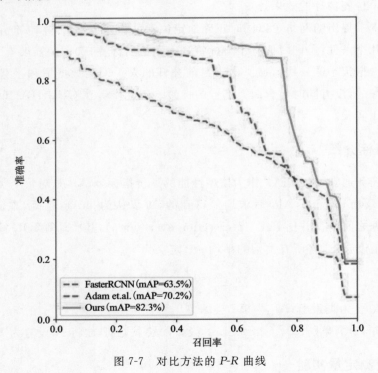

图 7-7   对比方法的 P-R 曲线

3. 手势分类消融实验

本节中作者将设计一系列消融实验进一步分析我们提出的方法中是哪些模块提升了手势识别效果,为了排除人手检测对手势分类准确率的影响,作者将 CUG-HAND 数据集中的图像进行了裁剪。由于该数据集采集于复杂环境,作者利用该数据集的人手目标框将人手部

表 7-3　本书方法在 CUG-HAND 上的各手势类别平均精度(AP)(∅为背景手)

本书方法在每个手势类别的平均精度				
A	B	C	D	E
93.2	94.1	94.1	76.2	69.9
F	G	H	I	K
100.0	72.1	66.7	92.6	80.8
L	M	N	O	P
75.4	64.7	69.8	69	66.5
Q	R	S	T	U
72.4	86.2	91.2	74.1	84.9
V	W	X	Y	∅
89.6	94.1	97.6	100.0	90.0

分的图像裁剪出来进行实验,简称 CUG-HAND-CROP。CUG-HAND-CROP 数据集包含彩色图像 1757 幅,其中 1273 幅用于训练,484 幅用于测试。图像的分辨率为 256×256。这些图像来自 27 个不同的采集人员,该数据集的手势类别由静态的美国手语手势(ASL)构成,其类别的数量为 24(不包括动态的 ASL 手势 j 和 z)。

在实验中,作者比较了以下方法:①HOG＋SVM;②ResNet;③Adam 等提出的方法;④Baseline 1,基于人手姿态估计结果的手势识别方法;⑤Baseline 2,本书方法中不使用姿态估计和图像重建模块;⑥Baseline 3,本书方法不使用姿态估计模块;⑦Baseline 3,本书方法不使用图像重建模块;⑧本书方法。除了对比各方法的准确性,在该实验中作者也对比了各方法测试一张图片所需要的时间,实验结果如表 7-4 所示,由于 CUG-HAND-CROP 数据集不包含人手姿态标签,作者使用半监督学习方案从 STB 人手姿态估计数据集学习人手姿态估计知识。

表 7-4　比较了各方法的手势识别精度和效率

对比方法	Use Pose	Rebuild	识别精度 AC/%	测试时间/ms
HOG＋SVM	否	否	61.4	11.7
ResNet	否	否	85.7	51.7
Adam et al.	否	否	84.3	2.5
Baseline 1	是	否	64.8	6.0
Baseline 2	否	否	86.6	4.7
Baseline 3	否	是	87.8	5.3
Baseline 4	是	否	89.0	4.8
本书方法	是	是	91.1	5.7

注:"Use Pose"表示是否使用手姿估计模块;"Rebuild"表示是否对图像重构模块进行重构。

HOG+SVM 是一种经典的手势识别方法,它通过 HOG 提取图像中的人手特征然后利用 SVM 进行手势分类,在 CUG－HAND-CROP 数据集中的准确率为 61.4%。ResNet 是最精确的图像分类方法之一,它具有深度卷积特征,比传统手识别算法 HOG＋SVM 的分类效果要好 24.3%。Adam 等提出的方法是手势识别领域最先进的技术之一,它准确而高效,我们用引文表示的所对比的方法的准确率略低于 ResNet,但每幅图像的计算效率要比 ResNet 高 20 倍左右。实验结果表明,我们算法的准确率明显比其他方法有较大的提高,而且网络模型的运行效率也非常高效(每幅图像 5.7 ms,即大约每秒可以处理 175 张图像)。

Baseline1 表示直接根据手部姿态估计结果进行手势识别,其准确率为 64.8%。不准确的人手位姿估计结果将会导致错误的手势分类,因此 Baseline1 的准确率远低于其他方法。Baseline2 的准确率是 86.6%,与 Baseline2 相比,图像重建模块的加入使得 Baseline3 的准确率提高了 1.2%,该数据证明了在手势识别任务中进行人手图像重构的辅助任务有助于提高手势识别准确率。而人手姿态估计模块的加入使 Baseline4 的准确率提高了 2.4%。与 Baseline3 相比,本书方法的准确率通过人手姿态估计模块提高了 3.3%。实验结果表明,人手位姿估计模块对手势识别任务有明显的帮助,使用中层共享特征来共同学习手势与人手姿态之间的关系有助于提高手势识别的准确性。

除了对比准确度(AC),ROC 曲线(receiver operating characteristic)也是评估分类器的预测性能的最常用的度量之一。根据模型的预测结果对样例进行排序,按此顺序逐个把样本作为正例进行预测,以真阳性率(TPR)为纵轴,以假阳性率(FPR)为横轴,在不同的阈值下获得坐标点,并连接各个坐标点,得到 ROC 曲线。

比较各个方法的 ROC 曲线如图 7-8 所示。TPR 与 FPR 呈正相关。目标是实现高 TPR、低 FPR。也就是说,ROC 曲线越靠近左上角,ROC 性能越好。从图中可以看出,本书方法的 ROC 性能优于比较方法。

我们的手势识别混淆矩阵如图 7-9 所示,混淆矩阵也称误差矩阵,主要用于比较分类结果和实际测得值,可以把各个类别的分类结果的精度显示在一个混淆矩阵里面。x 轴表示样本的预测手势类别,y 轴表示样本的真实标签。混淆矩阵对角线上的概率越高,手势识别越准确。

从图 7-9 中可以看出,大部分的手势类别都可以被准确地分类,但是有些手势比其他的更难被识别。在美国手语字母表中,一些静态手势与其他手势非常相似,例如"K""V""M""N""S""T"。当手到相机的距离很远或照明条件不好时,人手图像的分辨率很低,从而导致网络模型很难区分这些"困难"的手势。例如,手势"M"有 15% 的可能被错误地归类为"N"。

4. 定性实验

本书方法的手势检测和姿态估计结果如图 7-10 所示,绿框表示检测为前景手,在绿框上的绿色标签表示识别的手势,而红框表示检测到的背景手。人手姿态估计结果(前景手的三

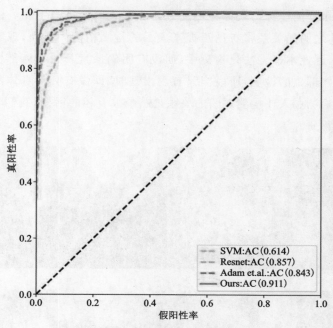

图 7-8   各方法的 ROC 曲线

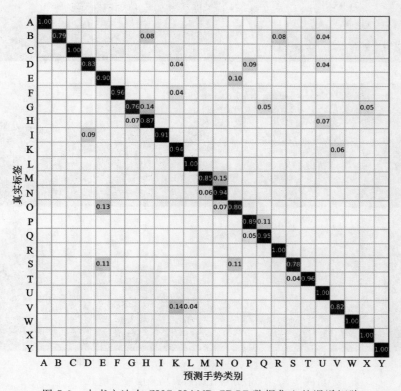

图 7-9   本书方法在 CUG-HAND-CROP 数据集上的混淆矩阵

维骨架)投影到二维图像平面上。通过利用手的姿态估计知识,本书方法在人手检测任务中精度显著提高。人手检测任务与人体检测任务是相互关联的。当手和身体部位的标注都可用时,探索手和身体之间的关系将有助于提高人手的检测精度。然而,现有的手势数据集通常只包含手势标注,因此本书方法只检测手,而没有明确探索其他身体部位的信息。由于手的检测不依赖于身体部位的检测,所以当只有手出现时(即没有其他身体部位出现时),它可以成功工作。人手检测和人体检测之间的关系是一个很有趣的话题,我们将在今后的工作中考虑对这个话题进行研究。

图 7-10　本书方法在无约束场景中检测结果

7.5　本章小结

　　本章提出了一种在无约束场景中进行手势识别和人手位姿估计的算法,设计了人手检测网络用于检测前景手,并将其结合形成一个整体性的端到端的网络。在数据集 CUG-HAND 上,本书提出的算法在精度和速度两方面均超过了其他对比方法,从而证明了该方法的有效性。然后作者还在 CUG-HAND-CROP 进行了消融实验,用以研究各个模块的作用。实验结果表明结合对手势的姿态估计信息,可以增强手势识别在无约束场景中的泛化能力。

第8章 总结与展望

《国务院关于印发新一代人工智能发展规划的通知》(国发〔2017〕35号)中指出新一代人工智能关键共性技术研发部署的重点方向包括"提升感知识别"与"人机交互能力"。手部运动是人类交互的重要渠道,从传统的人体大幅度动作识别向手指精细动作识别方向拓展是未来感知识别与人机交互方向的重要发展趋势。实时深度图像人手位姿估计方法不受人为定义的固定手势规则限制,能够以非接触方式对人手骨架全自由度位姿状态进行实时分析,在医疗卫生、智能机器人、辅助驾驶、增强现实等领域有广阔的应用前景。

本书从人手定位算法出发,研究能够可靠地检测人手位置的算法,针对无约束环境下的人手特征与背景的干扰,采用重构提升检测人手的精度。检测RGB-D图像中的人手,获取人手在三维空间中的坐标。构建一个在无约束环境中的人手RGB-D图像数据集。根据RGB-D图像特性,分别采用两个独立的特征提取模块计算RGB特征和深度特征,并结合RGB图像中的人手检测算法模型,设计了一个RGB-D图像中的人手检测算法。人手重构任务通过促进特征提取模块计算的人手特征足以恢复原本外观的方式,提升学习得到更多的人手外观特征,进而促使分类器更易于对人手进行分类。最终的对比实验表明,通过重构可以提升模型检测人手的精度以及定位人手的能力。通过检测获取的二维坐标信息和对应区域的深度信息计算得到人手在三维空间中的位置坐标。设计一个在无约束场景的手势识别方法。由于先前的手势识别算法都只能适用于简单有约束场景,而我们的方法能从复杂无约束的场景中定位并识别前景手的手势及其姿态信息。此外我们还采集了一个具有挑战性的手势识别数据集,其中的图像是在杂乱的环境中收集的,包含手势类别标签和人手位置标签。设计一种半监督学习方法来训练网络模型,使其能从人手相关的数据集中学习共享特征。人手位姿估计任务可以在没有人手三维姿态标签的手势数据集中受益,而手势识别任务也可以从没有手势标签的人手图像中获益。实验证明我们的基准方法在添加了人手重构模块和人手位姿估计模块后,手势识别的精度得到有效提高。

进一步研究方向包括探讨深度图像噪声与人手歧义位姿现象对人手位姿估计稳定性的影响规律及失稳机制,研究在深度学习框架下结合李群流形理论建立实时、稳定的人手位姿估计方法,研究成果可以有效地帮助机器像人一样用视觉方式感知人手的动作并理解用户的意图,构建自然、稳定、高效的人机交互环境,具有重要的科学意义与应用价值。

主要参考文献

陈佳，2019. 基于深度学习的车内人手检测技术的研究[D]. 武汉：华中科技大学.

陈熙霖，胡事民，孙立峰，2016. 面向真实世界的智能感知与交互[J]. 中国科学：信息科学(8)：969-981.

冯志全，孟祥旭，2006. 一种基于改进 UKF 的 3D 人手跟踪算法[J]. 计算机辅助设计与图形学学报，18(8)：1264-1269.

冯志全，杨学文，徐涛，等，2017. 结合手势二进制编码和类-Hausdorff 距离的手势识别[J]. 电子学报，45(9)：2281-2291.

韩磊，梁玮，贾云得，2009. 层级潜变量空间中的三维人手跟踪方法[J]. 计算机辅助设计与图形学学报，21(5)：650-656.

胡素芸，邵斌澄，李坤，等，2017. 面向航天员虚拟训练的人机交互系统研制和测试[J]. 电子测量与仪器学报，31(12)：1902-1911.

李东年，2015. 基于深度图像序列的三维人手运动跟踪技术研究[D]. 济南：山东大学.

李瑞，2019. 图像和深度图中的动作识别与手势姿态估计[D]. 杭州：浙江大学.

李源，2018. 基于深度神经网络的手势识别与手姿态估计[D]. 武汉：华中科技大学.

刘炳超，2013. 手势三维跟踪中的观测似然模型研究[D]. 济南：济南大学.

马玉志，2015. 基于肤色和块特征的人手部检测[D]. 哈尔滨：哈尔滨工程大学.

武汇岳，王建民，戴国忠，2013. 基于小样本学习的 3D 动态视觉手势个性化交互方法[J]. 电子学报，41(11)：2230-2236.

杨丽，胡桂明，黄东芳，等，2015. 结合肤色分割和 ELM 算法的静态手势识别[J]. 广西大学学报（自然科学版），40(2)：25.

易靖国，程江华，库锡树，2016. 视觉手势识别综述[J]. 计算机科学(S1)：103-108.

ALEXE B, DESELAERS T, FERRARI V, 2012. Measuring the objectness of image windows[J]. IEEE Transactions on Pattern Analysis and Machine Intelligence, 34(11): 2189-2202.

CHEN C, YANG Y, NIE F, et al., 2011. 3D Human pose recovery from Image by efficient visual feature selection[J]. Computer Vision and Image Understanding, 115(3): 290-299.

CHEN D, LI G, SUN Y, et al., 2017. An interactive image segmentation method in hand gesture recognition[J]. Sensors, 17(2): 253.

CHEN F, FU C, HUANG C, 2003. Hand gesture recognition using a real-time tracking method and hidden Markov models[J]. Image and Vision Computing, 21(8): 745-758.

CHEN X, WANG G, GUO H, et al., 2020. Pose guided structured region ensemble network for cascaded hand pose estimation[J]. Neurocomputing, 395: 138-149.

CHEVTCHENKO S F, VALE R F, MACARIO V, et al., 2018. A convolutional neural network with feature fusion for real-time hand posture recognition[J]. Applied Soft Computing, 73: 748-766.

CôTé-ALLARD U, FALL C L, DROUIN A, et al., 2019. Deep learning for electromyographic hand gesture signal classification using transfer learning[J]. IEEE Transactions on Neural Systems and Rehabilitation Engineering, 27(4): 760-771.

DARDAS N H, GEORGANAS N D, 2011. Real-time hand gesture detection and recognition using bag-of-features and support vector machine techniques[J]. IEEE Transactions on Instrumentation and measurement, 60(11): 3592-3607.

DARDAS N H, SILVA J M, EL-SADDIK A, 2012. Target-shooting exergame with a hand gesture control[J]. Multimedia Tools and Applications, 70: 2211-2233.

DENG X, ZHANG Y, YANG S, et al., 2017. Joint hand detection and rotation estimation using CNN[J]. IEEE transactions on image processing, 27(4): 1888-1900.

DYK D A V, MENG X L, 2001. The art of data augmentation[J]. Journal of Computational and Graphical Statistics, 10(1): 1-50.

EROL A, BEBIS G, NICOLESCU M, et al., 2007. Vision-based hand pose estimation: a review[J]. Computer Vision & Image Understanding, 108(1): 52-73.

FOURURE D, EMONET R, FROMONT E, et al., 2017. Multi-task, multi-domain learning: application to semantic segmentation and pose regression[J]. Neurocomputing, 251: 68-80.

GAO Q, LIU J, JU Z, 2020. Robust real-time hand detection and localization for space human-robot interaction based on deep learning[J]. Neurocomputing, 390: 198-206.

GOODFELLOW I J, POUGET-ABADIE J, MIRZA M, et al., 2014. Generative adversarial nets[J]. Advances in Neural Information Processing Systems, 3: 2672-2680.

GRANLUND G H, KNUTSSON H, 2013. Signal processing for computer vision[M]. Berlin: Springer Science & Business Media.

HAN J, SHAO L, XU D, et al., 2013. Enhanced computer vision with microsoft kinect sensor: A review[J]. IEEE Transactions on Cybernetics, 43(5): 1318-1334.

HASSANPOUR R, SHAHBAHRAMI A, 2009. Human computer interaction using vision-based hand gesture recognition[J]. Journal of Computer Engineering, 1: 3-11.

HE K, ZHANG X, REN S, et al., 2015. Spatial pyramid pooling in deep convolutional networks for visual recognition[J]. IEEE transactions on pattern analysis and machine intelligence,37(9):1904-1916.

JACOB M G, WACHS J P, 2014. Context-based hand gesture recognition for the operating room[J]. Pattern Recognition Letters, 36(1): 196-203.

JI P, SONG A, XIONG P, et al., 2017. Egocentric-vision based hand posture control system for reconnaissance robots[J]. Journal of Intelligent & Robotic Systems,87(3-4): 583-599.

JIN H, CHEN Q, CHEN Z, et al., 2016. Multi-Leap motion sensor based demonstration for robotic refine tabletop object manipulation task[J]. CAAI Transactions on Intelligence Technology, 1(1): 104-113.

KATUWAL R, SUGANTHAN P N, ZHANG L, 2020. Heterogeneous oblique random forest[J]. Pattern Recognition,99:107078.

KEERTHI S S, SHEVADE S K, BHATTACHARYYA C, et al., 2000. A fast iterative nearest point algorithm for support vector machine classifier design[J]. IEEE Transactions on Neural Networks, 11(1): 124-136.

KIM S Y, HAN H G, KIM Y W, et al., 2017. A hand gesture recognition sensor using reflected impulses[J]. IEEE Sensors Journal,17(10): 2975-2976.

KREJOV P, GILBERT A, BOWDEN R, 2017. Guided optimisation through classification and regression for hand pose estimation[J]. Computer Vision and Image Understanding, 155: 124-138.

KRIZHEVSKY A, SUTSKEVER I, HINTON G, 2012. ImageNet classification with deep convolutional neural networks [J]. Advances in Neural Information Processing Systems,, 25(2): 2414-2423.

LA GORCE M, FLEET D J, PARAGIOS N, 2011. Model-based 3D hand pose estimation from monocular video[J]. IEEE Transactions on Pattern Analysis and Machine Intelligence, 33(9): 1793-1805.

LECUN Y, BOTTOU L, BENGIO Y, et al., 1998. Gradient-based learning applied to document recognition[J]. Proceedings of the IEEE,86(11):2278-2324.

LEITE D Q, DUARTE J C, NEVES L P, et al., 2017. Hand gesture recognition from depth and infrared Kinect data for CAVE applications interaction[J]. Multimedia Tools and Applications, 76: 20423-20455.

LI H, LI Y, PORIKLI F, 2015. Deeptrack: learning discriminative feature representations online for robust visual tracking [J]. IEEE Transactions on Image Processing, 25(4): 1834-1848.

LI H, LI Y, PORIKLI F, et al., 2016. Convolutional neural net bagging for online visual tracking[J]. Computer Vision and Image Understanding, 153(1): 120-129.

LI S, XU C, XIE M, 2012. A robust O (n) solution to the perspective-n-point problem [J]. IEEE Transactions on Pattern Analysis and Machine Intelligence, 34(7): 1444-1450.

LI Y，WANG X，LIU W，et al.，2018. Deep attention network for joint hand gesture localization and recognition using static RGB-D images[J]. Information Sciences，441：66-78.

LIANG H，YUAN J，THALMANN D，2014. Parsing the hand in depth images[J]. IEEE Transactions on Multimedia，16(5)：1241-1253.

LIANG H，YUAN J，THALMANN D，2015. Resolving ambiguous hand pose predictions by exploiting part correlations[J]. IEEE Transactions on Circuits and Systems for Video Technology，25(7)：1125-1139.

LIU F，ZENG W，YUAN C，et al.，2019. Kinect-based hand gesture recognition using trajectory information，hand motion dynamics and neural networks[J]. Artificial Intelligence Review，52：563-583.

LIU J，SHAHROUDY A，XU D，et al.，2017. Skeleton-based action recognition using spatio-temporal lstm network with trust gates[J]. IEEE transactions on pattern analysis and machine intelligence，40：3007-3021.

LOWE D G，2004. Distinctive image features from scale-invariant keypoints[J]. International Journal of Computer Vision，60(2)：91-110.

LU W，TONG Z，CHU J，2016. Dynamic hand gesture recognition with leap motion controller[J]. IEEE Signal Processing Letters，23(9)：1188-1192.

MA C，WANG A，CHEN G，et al.，2018. Hand joints-based gesture recognition for noisy dataset using nested interval unscented kalman filter with LSTM network[J]. The Visual Computer，34(6-8)：1053-1063.

MARTIN DE LA GORCE，DAVID J FLEET，NIKOS PARAGIOS，2011. Model-based 3D hand pose estimation from monocular video[J]. IEEE Transactions on Pattern Analysis and Machine Intelligence，33(9)：1793-1805.

MEENA Y K，CECOTTI H，WONG-LIN K，et al.，2018. Toward optimization of gaze-controlled human-computer interaction：application to hindi virtual keyboard for stroke patients[J]. IEEE Transactions on Neural Systems and Rehabilitation Engineering，26(4)：911-922.

MOHAMMED A A Q，LV J，ISLAM M，2019. A deep learning-based end-to-end composite system for hand detection and gesture recognition[J]. Sensors，19(23)：5282.

NAI W，LIU Y，REMPEL D，et al.，2017. Fast hand posture classification using depth features extracted from random line segments[J]. Pattern Recognition，65：1-10.

NEVEROVA N，WOLF C，NEBOUT F，et al.，2017. Hand pose estimation through semi-supervised and weakly-supervised learning[J]. Computer Vision and Image Understanding，164：56-67.

OLIVIER FAUGERAS，1993. Three-dimensional computer vision，a geometric viewpoint[J]. Robotica，12(5)：475-475.

OYEDOTUN O K, KHASHMAN A, 2017. Deep learning in vision-based static hand gesture recognition[J]. Neural Computing and Applications, 28(12): 3941-3951.

PARAVATI G, GATTESCHI V, 2015. Human-computer interaction in smart environments[J]. Sensors,15(8):19487-19494.

PISHARADY P K, VADAKKEPAT P, LOH A P, 2013. Attention based detection and recognition of hand postures against complex backgrounds[J]. International Journal of Computer Vision, 101: 403-419.

PREECE J, 1994. Human-computer Interaction [J]. Encyclopedia of Creativity Invention Innovation & Entrepreneurship, 19(2): 43-50.

RAUTARAY S S, AGRAWAL A, 2015. Vision based hand gesture recognition for human computer interaction: a survey[J]. Artificial intelligence review,43(1):1-54.

ROBERT Y, WANG, 2009. Real-time hand-tracking with a color glove[J]. ACM Transactions on Graphics (TOG), 28(3): 1-8.

SHE J, OHYAMA Y, WU M, et al., 2017. Development of electric cart for improving walking ability-application of control theory to assistive technology[J]. Science China Information Sciences, 60(12): 1-9.

SHIRAI Y, 2012. Three-dimensional computer vision[M]. Berlin: Springer Science & Business Media.

SHOTTON J, GIRSHICK R, FITZGIBBON A, et al., 2013. Efficient human pose estimation from single depth images. [J]. IEEE Transactions on Pattern Analysis & Machine Intelligence, 35(12): 2821-2840.

SIGAL L, SCLAROFF S, ATHITSOS V, 2004. Skin color-based video segmentation under time-varying illumination[J]. IEEE Transactions on Pattern Analysis and Machine Intelligence,26(7):862-877.

SUYKENS J A, VANDEWALLE J, 1999. Least squares support vector machine classifiers[J]. Neural processing letters,9(3):293-300.

TAGLIASACCHI A, SCHRöDER, TKACH A, et al., 2015. Robust articulated-ICP for real-time hand tracking[J]. Computer Graphics Forum, 34(5): 101-114.

TAYLOR J, BORDEAUX L, CASHMAN T, et al., 2016. Efficient and precise interactive hand tracking through joint, continuous optimization of pose and correspondences [J]. ACM Transactions on Graphics, 35(4): 143-144.

TAYLOR J, TANKOVICH V, TANG D, et al., 2017. Articulated distance fields for ultra-fast tracking of hands interacting[J]. ACM Transactions on Graphics, 36(6): 1-12.

TKACH A, PAULY M, TAGLIASACCHI A, 2016. Sphere-meshes for real-time hand modeling and tracking[J]. ACM Transactions on Graphics, 35(6): 1-11.

TKACH A, TAGLIASACCHI A, REMELLI E, et al., 2017. Online generative model personalization for hand tracking[J]. ACM Transactions on Graphics, 36(6): 1-11.

TOMPSON J, STEIN M, LECUN Y, et al., 2014. Real-time continuous pose recovery of human hands using convolutional networks[J]. ACM Transactions on Graphics, 33(5): 1-10.

TZIONAS D, BALLAN L, SRIKANTHA A, et al., 2016. Capturing hands in action using discriminative salient points and physics simulation[J]. International Journal of Computer Vision, 118(2): 172-193.

UEDA E, MATSUMOTO Y, IMAI M, et al., 2003. A hand-pose estimation for vision-based human interfaces[J]. IEEE Transactions on Industrial Electronics, 50(4): 676-684.

UIJLINGS J R R, SANDE K V D, GEVERS T, et al., 2013. Selective search for object recognition[J]. International Journal of Computer Vision, 104: 154-171.

WANG G, CHEN X, GUO H, et al., 2018. Region ensemble network: towards good practices for deep 3D hand pose estimation[J]. Journal of Visual Communication and Image Representation, 55: 404-414.

WEI G C G, TANNER M A, 1990. A monte carlo implementation of the EM algorithm and the poor Man's data augmentation algorithms[J]. Publications of the American Statistical Association, 85(411): 699-704.

WEICHERT F, BACHMANN D, RUDAK B, et al., 2013. Analysis of the accuracy and robustness of the leap motion controller[J]. Sensors, 13(5): 6380-6393.

XU C, CAI W, LI Y, et al., 2020. Accurate hand detection from single-color images by reconstructing hand appearances[J]. Sensors, 20(1): 192.

XU C, GOVINDARAJAN L N, CHENG L, 2017. Hand action detection from ego-centric depth sequences with error-correcting hough transform[J]. Pattern Recognition, 72: 494-503.

XU C, GOVINDARAJAN L N, ZHANG Y, et al., 2017. Lie-X: depth image based articulated object pose estimation, tracking, and action recognition on lie groups[J]. International Journal of Computer Vision, 123(3): 454-478.

XU C, NANJAPPA A, ZHANG X, et al., 2016. Estimate hand poses efficiently from single depth images[J]. International Journal of Computer Vision (IJCV), 116(1): 21-45.

XU C, NANJAPPA A, ZHANG X, et al., 2016. Estimate hand poses efficiently from single depth images[J]. International Journal of Computer Vision, 116(1): 21-45.

XU C, ZHANG L, CHENG L, et al., 2017. Pose estimation from line correspondences: a complete analysis and a series of solutions. [J]. IEEE Transactions on Pattern Analysis & Machine Intelligence, 39(6): 1209-1222.

YAN S, XIA Y, SMITH J S, et al., 2017. Multiscale convolutional neural networks for hand detection[J]. Applied Computational Intelligence and Soft Computing(1): 1-13.

YANG L, QI Z, LIU Z, et al., 2019. An embedded implementation of CNN-based hand detection and orientation estimation algorithm[J]. Machine Vision and Applications, 30(6): 1071-1082.

YING W, HUANG T S, 2002. Hand modeling, analysis and recognition[J]. IEEE Signal Processing Magazine, 18(3): 51-60.